国家自然科学基金项目：
三江平原农业活动胁迫下的区域生态环境过程及安全调控研究(40930740)
三江平原季节性冻融条件下农业非点源氮污染时空分异模拟研究(41171384)
季节性冻土农业区生态水文驱动下土壤碳氮输移的热斑与热时段解析研究　共同资助
(41301529)

季节性冻融区农田土壤氮素
输移与负荷特征研究

程红光　蒲　晓　郝芳华　王东利等　著

科学出版社

北　京

内 容 简 介

　　本书系统介绍了我国东北地区季节性冻融区农田土壤氮素输移的基本规律和负荷的时空特征。本书共7章,包括从实验室模拟研究、农田原位观测和历史数据模型计算等不同尺度探明了氮素在水土界面过程的行为及影响因素,辨析了冻融循环和共存离子对土壤氮素迁移过程中的作用;揭示了农业活动胁迫下关键约束因子对氮素在农田耕层土壤中固存的影响,估算了因子对氮素输入和输出的贡献率;构建了无水文资料地区氮污染负荷驱动模型,阐释了无资料小流域氮污染负荷的时空特征。

　　本书可供环境科学、生态学等管理、科研人员及大专院校有关专业师生参阅。

图书在版编目(CIP)数据

季节性冻融区农田土壤氮素输移与负荷特征研究/程红光等著. —北京:科学出版社,2014.6
　ISBN 978-7-03-040985-0

　Ⅰ.①季… Ⅱ.①程… Ⅲ.①农田-土壤生态体系-土壤氮素-研究 Ⅳ.①S153.6

中国版本图书馆 CIP 数据核字(2014)第 123657 号

责任编辑:朱　丽　杨新改 / 责任校对:郑金红
责任印制:赵德静 / 封面设计:耕者设计工作室

科 学 出 版 社 出版
北京东黄城根北街 16 号
邮政编码:100717
http://www.sciencep.com

骏 杰 印 刷 厂 印刷
科学出版社发行　各地新华书店经销

*

2014 年 6 月第 一 版　　开本:720×1000 1/16
2014 年 6 月第一次印刷　　印张:12 1/4
字数:250 000

定价:68.00 元
(如有印装质量问题,我社负责调换)

前　言

大规模农业开发活动引起的非点源污染已成为制约农业垦殖区建设的关键环境问题。经济快速增长和人口膨胀的双重压力以及粮食危机的威胁,迫使人类对自然环境的开发强度逐年增加,导致大范围陆域生态结构的改变。过度垦殖和化学品滥用所引发的区域环境污染和生态破坏等问题日益突出,进而威胁粮食生产的可持续性。

氮素是农作物必需的营养元素,也是影响农作物产量的限制性因子之一。在农业垦殖区,为追求高产而大量使用氮肥的现象相当普遍。由于过度投入,加之利用率低下,农田中大量氮素随地表径流冲刷和土壤水运动进入自然水体,在土-水-沉积物等多介质间运移,并在区域内产生巨大污染负荷,造成水体富营养化、水质恶化、水体功能丧失等环境问题,严重威胁饮用水安全和农业正常生产。另外氮素的大量流失加剧了耕地贫瘠化、资源浪费和二次污染,进而造成流失越严重氮肥施用量越大的恶性循环。区域农业非点源氮污染已经成为威胁水体环境质量的主要因素。

三江平原地处黑龙江省东部,珍贵的黑土资源和丰沛的水资源促进了农业发展。新中国成立后,区域已历经4次以增加粮食产量为目标的大规模农业开发活动,对土地进行大规模改造,大量沼泽湿地通过排水开地、毁林毁草种粮及广种薄收等耕作措施被改造为良田,灌区内形成了错综复杂的廊道网络系统,并形成自然生态和人工生态单元相互竞争的局面。近年来围绕"千亿斤粮食计划",大面积开展旱田改水田工作,亦使得原有人工生态单元发生剧烈变化。农业开发活动,特别是灌溉工程,使区域下垫面发生阶段性变化,深刻地影响着水量平衡,进而改变了流域天然水循环过程,影响了区域内物质能量转化和流动过程,最终制约着以水和土地为依托的生态系统变化。

2008年,国家和黑龙江省先后制定了《千亿斤粮食生产能力建设规划》,意在充分挖掘三江平原粮食增产的潜力。随着千亿斤粮食战略的实施,三江平原面临新一轮的大规模开发,在区域种植面积有限和土地开发强度较高的条件下,增加化学品投入、提高黑土资源利用强度、改善灌溉条件等将作为实现粮食增量主要手段。区域农业开发活动通过土地利用方式的改变和水资源的人工配置,打破了三江平原长期历史条件下形成的生态和水文平衡,影响了自然植被演替过程,使原有区域生态系统的结构和功能发生变化。因此,在该区域开展与氮素相关的生态安全和环境保护工作迫在眉睫。

笔者长期从事水资源、水环境污染及非点源污染等方面的研究,在农业非点源污染机理研究以及治理方面积累了丰富的经验,在水文水资源、环境污染生态修复、土壤侵蚀、环境模拟评价和非点源污染研究与控制等方面,开展了多领域多学科交叉的基础性与应用性研究。因此,选取部分科研工作成果在本书中做了重点介绍,内容包括实验室模拟、景观单元现场原位观测及区域模型估算等研究。

本书共7章。第1章介绍了冻融农区的氮污染研究的发展,总结了目前农田土壤氮污染研究的方法和技术,概述了三江平原地区和研究区的概况,提出了本书在研究冻融农区土壤氮污染时的研究框架;第2章着重介绍了冻融循环对氮素水土界面过程的影响,分别探讨了氮素在有机土和农田土壤中迁移和固存的异同;第3章介绍了氮素水土界面过程的影响因素,辨析了冻融循环和共存离子对土壤氮素迁移过程中的作用,描绘了氮素在土壤颗粒表面的吸附和特性;第4章介绍了农业活动胁迫下关键影响因子对氮素在农田耕层土壤中固存的长期和短期作用,涉及典型气象、特征地理条件、种植制度和农业管理模式4类因子,估算了每种因子对氮素输入和输出的贡献率;第5章介绍了季节性冻融农区土壤质地对农业活动影响下农田耕层土壤氮素输移的反映程度,描绘了不同深度土层氮素的变化规律及耕作的影响;第6章介绍了针对研究区无资料的现状建立的小流域氮污染负荷驱动模型,包括数据获取与处理、模型参数的设置与率定以及小流域水文过程的模拟分析;第7章介绍了无资料小流域氮污染负荷的时空特征,通过比较传统区域法和遥感反演法估算和分析了氮污染负荷的年内、年际和空间分布变化特征。

本书所涉及的主要研究工作得到了国家自然科学基金重点项目“三江平原农业活动胁迫下的区域生态环境过程及安全调控研究”(40930740)、国家自然科学基金面上项目“三江平原季节性冻融条件下农业非点源氮污染时空分异模拟研究”(41171384)和国家自然科学基金青年科学基金项目“季节性冻土农业区生态水文驱动下土壤碳氮输移的热斑与热时段解析研究”(41301529)的资助。本书第1章由程红光、蒲晓、郝芳华编写,第2、3章由程红光、陈奕汀、王东利编写,第4、5章由程红光、蒲晓、路路编写,第6、7章由程红光、周坦、程千钉编写;全书由蒲晓、程千钉统稿,程红光审校。

在介绍本书的研究过程中,得到了北京师范大学杨胜天教授、林春野教授、欧阳威副教授等的指导。在项目开展过程中,得到了国土资源部土地整理中心和黑龙江省农垦总局建三江分局各位领导的帮助。在现场工作中,得到了八五九农场土地整理中心的丁兆亮主任、毕江副主任、徐欢、李春广、梁抚军、杜永泉的协助,在此表示衷心的感谢!

　　冻融农区的氮污染防控研究是区域环境管理的重要组成部分,因此受到了广泛关注和重视,国内外众多学者也对其进行了大量的科学研究,本书仅是笔者在该领域的一些思考、尝试和探索。鉴于时间和能力所限,书中难免有疏漏之处,敬请读者批评指正。

作　者

2014 年 1 月 1 日

目　　录

第1章 绪 论

1.1 冻融农区氮污染研究背景概述

为满足社会经济发展的需要,大规模大强度的农业垦殖活动给环境带来了巨大的压力和影响。由农业、养殖业、农村社区甚至分散的小工厂等所释放的非点源污染负荷没有确定的排放点或入河口,在时间和空间上随机地进入环境,使其难以被监测和控制(Agrawal et al.,1999)。随着环境问题越来越受到关注,工业和生活污染源等点源污染已经得到了有效的控制,非点源污染则成为导致水环境质量下降的主要原因。据美国和日本等国家报道,即使点源污染得到全面控制以后,非点源污染也会造成35%的江河水质不达标,58%的湖泊水质不达标,22%的海域水质不达标。非点源污染的危害性已经在我国很多城市和地区显现出来,限制了国民经济的进一步发展(郝芳华等,2006)。非点源污染最直接的后果是引起水体的富营养化(职锦等,2010),进而造成水质恶化、水体功能丧失等后果,威胁饮用水安全。据统计,中国湖泊达到富营养化的水体已占63.3%,富营养化发生后水体中溶解氧量会降低,进一步造成水质的恶化,并可能导致硝酸盐和亚硝酸盐含量的增高,威胁人类健康。2007年的太湖蓝藻事件就造成南京、苏州、无锡等城市的饮用水水源地水质不达标,饮用水无法安全供给。

非点源污染的主要来源有:土壤侵蚀、农药和化肥的施用、农村禽畜粪便与垃圾、城镇地表径流和大气干湿沉降等(郝芳华等,2008)。其中,农业活动的广泛性和普遍性使其成为了非点源污染最主要的来源(Agrawal et al.,1999)。农田中的地表径流冲刷和农田退水会将大量氮磷等营养物质带入到自然水体中,产生严重污染(Leu et al.,2004;Schaffner et al.,2009)。据统计,我国水体中50%以上的氮磷负荷都来自农业非点源污染(刘侨博等,2010),这已经成为制约我国农业发展、危害生态环境的主要污染之一。

作为人口大国,巨大的粮食需求量导致我国的化肥施用量一直呈增加的趋势。从1949年到2007年,伴随着粮食产量的增加,我国的化肥施用总量从0.6万t增加到了3514.17万t,占全世界平均消费量的四分之一;单位面积化肥施用量则从1952年的0.75 kg/hm² 增加到了2001年的327 kg/hm²(曾希柏和李菊梅,2004),远远超过国际上为防止水体污染而设置的225 kg/hm² 的化肥使用安全上限(王建兵和程磊,2008)。但我国的粮食产量增加一直低于化肥施用量的增加(徐卫涛等,2010),特别是在土地稀缺的地区,将化肥作为替代要素以求提高粮食产量的情况很普遍(赖力等,2009)。这种趋势使得我国的农业面源污染分布更加广泛,水体受污染程度更高。

三江平原是我国八大商品粮基地之一,位于黑龙江省东部,是由松花江、乌苏里江和黑龙江冲积形成的低平原。由于区域内河道密布,河流形成的阶地和河漫滩为沼泽和沼泽化草甸的发育提供了良好的条件,使其成为我国最大的淡水沼泽湿地集中分布区(何太蓉等,2004)。但近50年来,为满足我国巨大的粮食需求,三江平原相继开展了水利化、农机化、水稻大棚育秧、科技和社会服务支撑、中低产田改造、耕地保护与土地整理等专项工程。但大规模的农业开发带来了环境问题:①生态结构单一化。区域土地利用类型发生明显的改变,耕地面积增加迅速,林地面积锐减,湿地面积从1949年的53 400 km² 减少到2005年的8100 km²(黄妮等,2009)。②养分流失造成的非点源污染问题凸显,土壤侵蚀日益严重。由于农药化肥的大量投入、"旱改水"等耕作方式和灌溉方式的改变,营养物质在水土界面的迁移量增大,形成非点源污染,对三江平原的水环境形成威胁。2008年,国家和黑龙江省制定了《千亿斤粮食生产能力建设规划》。在区域种植面积有限和土地开发强度较高的条件下,增加化肥投入以提高黑土资源利用强度、改善灌溉条件等是实现规划的必要手段,这对当地的生态环境将是又一大挑战。

位于中高纬度地区的三江平原具有季节性冻融的特殊环境。冻融过程改变了土壤物理性状和土壤中的水分迁移过程(Maehlum et al.,1995),促进或抑制土壤有机质分解和矿化,进而影响有机和无机物质的吸附与解吸、形态转化以及微生物活性等(朴河春等,1998)。随着近年全球气候变暖和极端气候的出现(Easterling et al.,2000;IPCC,2007),季节性冻融地区的冻融频率和强度也开始增加(Mellander et al.,2005;Henry,2008)。有数据表明,近10年来我国北部的季节性冻融区的冻融时间在延长,且冻融期间的冻融频次也在增加(Han et al.,2010),这些现象又进一步加大了冻融过程对农业非点源污染形成的影响。加上该区域内地势平坦,地表径流过程较长,冻融造成的滞水过程使其更易形成高强度的农业非点源污染。

同时三江平原地区的地下水和地表水中的可溶性铁离子含量均较高,灌溉后的农田,特别是地下水灌溉后的水田,土壤溶液中含有较高浓度的铁离子,可能形成无定形氧化物(王文成等,2007),从而促进或阻碍土壤中养分离子的吸附过程。但目前对这些条件下的养分离子迁移转化过程的研究尚处在初期阶段,缺乏深入的分析。

然而由于受地理条件、人为因素的影响和现有水文站点分布特征及密度的限制,三江平原部分农业产区缺乏观测资料和水文数据,导致现有的水文资料不足以满足模型的要求,从而无法将一些通用模型应用在三江平原部分流域的水文模拟和非点源污染研究中。一般来讲,数学模拟是用来研究非点源污染空间分布问题和进行非点源污染控制、评估管理的重要工具(Heng and Nikolaidis,1998)。但是现有的数学模型大多是借助于概念性模拟或经验函数关系,这样的模型通性往往比较差,特别是无资料地区或资料缺乏地区更是难以取得令人满意的效果。因此,针对无资料流域开展非点源污染的研究,不仅可以解决水文模型在无资料地区的应用问题,为无资料流域提供水文数据和模型的参数变量,提高模型模拟精度和可靠性,并指导和优化该地区的非点源管理,还可以为中国其他地区的无观测资料流域的径流模拟和非点源污染研究提供方法和思路上的借鉴。

综上所述,鉴于三江平原地区特殊的地理位置和重要的社会地位,在该地区开展非点源污染物水土界面过程描绘、污染物水平动态变化制约因子分析及无资料地区模型模拟探索等研究工作,完善相关数据库,在季节性冻融农区建立非点源污染物环境行为特征系统研究方法框架,对指导和优化该地区的环境管理和生态安全具有十分重要的战略和科研意义。

1.2 农田土壤氮污染研究方法与技术

1.2.1 非点源污染物水土界面过程研究

农业活动造成的非点源污染已经成为世界性的难题。农业生产中大量使用化肥和不合理耕作造成了诸如水体富营养化、地下水质恶化等问题。化肥中的氮磷等养分离子在土壤中流失严重从而产生污染,给环境管理带来了很大风险(Yulianti and Lence,1999;Jia et al.,2007)。有研究发现,氮肥施入旱地土壤后,氮的平均损失率为 42%,未被作物吸收而残留于土壤中的氮素占施入肥料的 25%,水田土壤氮素的损失率为 54%,25 ℃时氮素的淋溶损失为 9.8%~38%(朱建文,2005)。较低的化肥利用率使大部分氮磷残留在土壤中,随降水和灌溉向水体迁移形成非点源污染。

1. 非点源污染物在土壤中的迁移规律研究

在宏观层面,建立不同尺度的污染物迁移模型可以直接量化污染物的负荷强度,为相关决策提供依据。梁威等(2007)通过室内大型土槽和人工降雨装置模拟无植被坡地单次降雨过程地表径流的产生,并以 ANSWERS 模型为基础,建立了适用于土槽尺度下的非点源污染迁移模型;梁新强等(2008)将田间试验结果结合水氮耦合平衡理论,开发出了一套水田尺度下的氮素径流侧渗-下渗-流失特征模型,其可以有效地模拟氮素的流失速率和通量;Tim 和 Jolly(1994)则运用 GIS 软件,对流域尺度的土壤侵蚀,泥沙输送氮、磷的输出负荷等进行了有效的模拟;

Arnold等(1998)在 GIS 环境下进一步开发了 SWAT(soil and water assessment tool)模型,实现了流域尺度下非点源机理过程模拟、污染负荷时空分布、关键源区标志、非点源管理方案模拟、最佳管理措施提出等过程,该模型自建立后在国内外得到了广泛的应用。Wilson 和 Weng(2010)运用 L-THIA-NPS(long-term hydrologic and nonpoint source pollution model)模型对较长时间范围内,流域尺度的非点源污染产生特征进行分析。

在模型建立的过程中,参数的确定需要大量的基础数据作支撑,数据的准确性和适用性直接决定了模拟结果的准确性(郝芳华等,2006)。非点源污染产生过程中的径流形成和土壤侵蚀过程可以通过野外试验或室内模拟实验获取相关数据。Magesan 等(1998a)研究了生活污水灌溉条件下 NO_3^--N 在土壤中的淋洗渗漏规律。刘忠翰和彭江燕(2000)采用土柱模拟实验,研究了土壤在污水灌溉过程中,不同形态氮素的纵向迁移特征。孙志高和刘景双(2007)发现对不同水分带上的草甸沼泽土和腐殖质沼泽土,硝态氮和氨氮垂直运移穿透曲线差异不太大。Jia 等(2007)则同时考虑了地表径流和壤中流两种途径下氮素的流失,研究了 3 种雨强条件下 NO_3^--N 的流失特征。有研究表明,由于土壤的吸附作用,氨氮的含量随深度增加而减小,但不同深度土壤中的亚硝态氮的含量始终极低,这说明氮素主要以氨氮和硝态氮的形态在土壤中进行迁移。窦培谦和王晓燕(2006)则进一步发现土壤中的氨氮容易被植物吸收和被土壤吸附,所以在土壤含水层中的氮大都以硝态氮的形式存在。周全来等(2006)的研究结果表明,随着施肥量增加,磷发生纵向迁移和淋融现象的可能性增大。谢学俭等(2003)通过田间试验发现,在水田淹水的情况下,施磷肥后的总磷浓度会保持在较高值,但在退水后,磷素则会富集于土壤表层,更易随地表径流而迁移。周根娣等(2006)发现田埂宽度与其对养分离子的截留效应成正比,且对氨氮和磷酸盐的截留效果明显,对硝态氮的截留作用较小。

2. 非点源污染物在水土界面的分配规律研究

在更微观的层面上,探究养分离子在水土界面上的迁移特征一方面可以从机理上描述土壤的吸附过程,另一方面为不同尺度元素迁移模型中的土壤物理化学属性提供了数据基础。Rosenfeld(1979)发现在有机质含量较高的土壤和沉积物中,铵根离子大部分被有机质吸附,而且吸附于有机质胶体表面的铵根离子是可被交换的,另一部分铵根离子则被固定于黏土矿物晶层间或晶格中而难以解吸。朱兆良和文启孝(1992)提出,在不同浓度下土壤对铵根离子吸附的松紧程度是不同的,其中,紧吸附态铵具有较高的热稳定性,其吸附规律服从阳离子交换规律,而松吸附态铵则易于被水淋失和水解,并与物理性吸附态铵呈显著正相关。

对养分离子在水土界面吸附特征和机理的探讨,可以通过分析元素的静态吸附-解吸过程并运用相关模型的拟合来实现。闫学军和张伟(2004)的研究结果表明,土样对 NH_4^+ 的静态吸附特性满足 Freundlich 等温吸附方程,其纵向迁移的滞后系数与土壤黏粒含量正相关。姜桂华(2004)的研究结果显示,土壤对 NH_4^+-N 吸附作用也可以用 Langmuir 等温吸附模型来拟合。在孙大志等(2007)的研究结果中,NH_4^+-N 的吸附在 10 min 左右就达到了最大吸附量的 90%,其吸附等温方程并不能用 Langmuir 或者 Freundlich 等温方程很好地拟合。

环境条件能够影响养分离子在土壤及矿物上的吸附。伍华(2006)对华北平原最主要的四种土壤类型分别进行了氮、磷、钾三种养分离子的吸附实验,并用 Freundlich、Langmuir、Temkin 等吸附等温模型进行拟合,结果表明,土壤对养分离子的吸附能力与黏粒的含量成正比。马艳梅(2009)通过田间定位试验发现,不同施肥处理下的白浆土对磷的等温吸附曲线均符合 Langmuir 方程,吸附量随添加液浓度升高而增加,但有机肥料的施用会降低白浆土对磷的吸附能力。Moreira 等(2008)的研究结果表明,养分离子的迁移会明显地受到土壤 pH 变化的影响,Ugurlu 和 Karaoglu(2011)也发现氨氮在海泡石上的吸附随 pH 的升高而增加。张静(2006)将鄱阳湖南矶山湿地土壤对磷的等温吸附曲线分别用 Langmuir、Freundlich 和 Temkin 三种方程来拟合,发现 Langmuir 等温方程拟合的相关度最高,土壤的黏粒含量、有机质含量、pH 及阳离子交换量等因素都能显著地影响土壤对磷的吸附量。Hou 等(2003)发现铵根离子的吸附随盐度的增加而下降。徐义军和吴文勇(2008)研究了北京 3 种典型土壤对 NH_4^+-N 的吸附解吸规律,结果表明 NH_4^+-N 在 3 种典型土壤中均易被吸附,吸附量随添加液浓度升高而增加,其静态吸附特性可以用等温吸附方程较好地拟合。

3. 冻融作用对非点源污染物迁移转化的影响

冻融过程可以影响养分离子在土壤中的迁移转化规律。周旺明等(2008)通过室内模拟实验,研究了不同冻融循环过程对沼泽湿地土壤可溶性有机碳(DOC)、可溶性有机氮(DON)以及土壤有机氮矿化过程的影响。结果表明,随着冻融次数的增加,土壤 DOC 和 DON 含量呈先增加后降低趋势。Elliott 和 Henry(2009)通过室内模拟实验,研究了冻融强度和冻融频次对土壤中养分离子的变化规律,结果表明冻融交替的过程可以明显降低土壤中硝态氮的含量,增加氨氮的含量。Malhi 和 Nyborg(1986)以及 DeLuca 等(1992)的研究结果也表明,冻融交替的过程会促进土壤中有机氮的矿化过程,使土壤中氨氮和硝态氮的增加,导致矿化氮的流失,使可利用的矿化氮减少(Sulkava and Huhta,2003)。Ronvaz 等(1994)发现土壤中可溶性磷含量在冻融过程中也有增加的趋势,并借此推断冻融过程可能会改变土壤中有机物的可溶性。室内模拟实验的结果也表明冻融过程会增加磷素的流失(Fitzhugh et al.,2001)。

冻融作用会影响土壤中水分的运移过程。土壤冻结层的冻结为自上而下的单向冻结,融化则为自上而下和自下而上的双向融化(杜琦,2009)。封闭体系中土壤水分在冻结时向表面冻层迁移;融化时,由于地表蒸发,土壤中的水分又向地表强烈迁移(郑琦宏等,2006),由此引起的冻结滞水会比冻结前水量增加 20%～40%(王兴菊等,2008)。滞水过程将会加大非点源污染形成的风险。Shanl 和 Chalmers(1999)的研究表明,土壤含水量达到饱和状态后,冻结土壤孔隙中充满冰体,渗透性降低,加速了硝态氮和溶解性有机酸的产生,使养分容易随地表径流流失。

在对冻融作用的研究中,土地利用类型也与养分离子的迁移转化特征有着紧密的联系(Grogan et al., 2004)。Freppaz 和 Williams(2007)的研究结果表明,冻融作用下,人工养护草地和自然林地土样中,氮磷等养分离子的形态转化行为并不完全相同。Yu 等(2010)发现冻融作用下,开垦后的湿地与天然湿地相比,土壤的吸附能力减小而解吸能力增大。Kreyling 等(2010)的研究则表明,经过冻融,草地土样中的硝态氮含量增加,而石楠花种植园土样中的硝态氮含量减少。

Lehrsch(1998),Oztas 和 Fayetorbay(2003)从土壤理化性质的角度研究了冻融过程的影响,其结果表明,冻融作用可以打破大的土壤团聚体,使其成为粒径更小的黏粒,从而降低土壤团聚体的稳定性,进而影响有机和无机物质的吸附与解吸、形态转化以及微生物活性等,改变土壤的特性(Edwards,1991)。易顺民和唐辉明(1994)的研究结果表明:在冻融过程中,土壤大、小颗粒与冰晶颗粒或其聚集体发生相互转化,产生胶结作用。伴随着土壤团聚体的变化,土壤的吸附能力会改变(Yu et al., 2010),有机物和矿化氮含量增加(Christensen and Christensen,1991;Esala, 1995),造成土壤中营养物质的流失(Schimel and Clein, 1996)。有学者在对冻融条件下土壤的吸附研究中发现,在吸附质为 NH_4^+、DOC、$H_2PO_4^-$ 和 Cd^{2+} 时,冻融过程均能增加土壤对其的吸附量。Edwards(1991),Lehrsch(1998),Joseph 和 Henry(2008)等学者则更全面地研究了冻融对土壤行为的影响,结果表明冻融对土壤理化性质的影响程度主要取决于土壤含水量、冻结和融化时的温度及温度梯度、冻结时间、冻融交替的次数和土地利用类型等。

4. 铁盐对非点源污染物输移的影响

三江平原的农业用水主要来源于地表水和地下水,并逐渐过渡到以地下水为主(潘月鹏等,2008),而该区域地表水和地下水中的可溶性铁离子含量均较高。据潘月鹏等(2008)报道,三江平原江河水中可溶性铁的含量变化于 0.04～2.05 mg/L 之间,Fe^{3+} 含量高于 Fe^{2+};地下水中可溶性铁含量变化范围为 0.03～21.00 mg/L,其中的 Fe^{2+} 含量普遍高于 Fe^{3+}。铁盐在溶液中能形成水合氧化铁的絮凝体,从而对溶液中的离子产生吸附作用。农田灌溉后土壤溶液中的铁离子浓度升高,并可能在土壤和土壤矿物的表面形成无定形氧化铁基团,与土壤溶液中的离子发生离子交换和络合等作用(王文成等,2007),从而可能增大土壤的吸附能力。

　　在对铁氧化物吸附作用的研究中,一部分学者着重于探讨其吸附机理,直接将铁氧化物作为吸附剂,观察它对不同离子的吸附特性,并用合理的吸附模型来说明其吸附过程。Roger 和 Roger(1977)以铁氧化物为吸附剂,在对硫酸根的吸附机理的探讨中提出:在吸附过程中硫酸根取代了铁氧化物表面的两个 H^+ 基团,形成更加复杂的 $Fe—O—S(O_2)—O—Fe$ 基团。Kinniburgh 等(1974)在研究了铁氧化物对 Ca^{2+} 的吸附过程后提出了一个质子释放的模型。Kalbasi 等(1978)则以 Zn^{2+} 为吸附质,发现铁氧化物在吸附阳离子时,在更高的 pH 条件下较为有利,提出吸附过程是阳离子取代了晶体态铁氧化物上的氢离子。

　　其后,相关研究将土壤环境也考虑其中,探讨土壤环境中的铁氧化物对离子吸附过程产生的影响。Borggaard(1983)去除了土壤样品中已有的铁氧化物,发现土壤在去除无定形铁氧化物和氧化铁矿物后,对磷的吸附量随之下降,二者呈显著的正相关。Hsu(1963)通过向土壤中添加铁铝氧化物,发现在土壤吸附磷的过程中,吸附首先发生在土壤中已存在的铁铝氧化物表面,其次发生在实验过程中新形成的氧化物表面。Chao 等(1964)同样将吸附能力较强的棕壤样品去除铁、铝氧化物,发现其对 SO_4^{2-} 吸附能力有明显的降低,而吸附能力较弱的红壤样品在加入铁、铝氧化物后吸附能力有明显增加。陈家坊和高子勤(1959)在对红黄壤的研究中将盐溶液浸提出 NH_4^+ 称为吸收性铵,并指出这部分铵是以物理吸附和代换性吸附两种方式发生吸附的,其中发生物理吸附过程 NH_4^+ 的载体主要以土壤中的游离氧化铁为主。初元满等(2008)在水土比为 10:1 的情况下加入含有不同浓度 NH_4^+ 的 Fe^{3+} 溶液,经过恒温振荡并离心,发现上清液中 NH_4^+ 浓度减小,分析其原因一方面是由于溶液中的铁离子生成了无定形氧化铁,促进了土壤胶体颗粒对 NH_4^+ 的吸附,另一方面是因为加入的 Fe^{3+} 为系统提供了氧化环境,促进了氨氮发生硝化作用,使得 NH_4^+ 浓度减小,并猜测若用地下水灌溉,其中的金属离子可能会对土壤中氮的形态转化有一定影响。

　　多项研究结果表明有机质是影响土壤吸附能力的重要因素(熊毅,1979;虞锁富和陈家坊,1982),有机质和铁氧化物的共同作用决定了土壤胶体的吸附能力。Borggaard 等(1990)也对土壤中的有机质和铁氧化物的关系做了探讨,发现土壤胶体中的铁铝氧化物和其结晶物才是磷的主要吸附剂,仅仅是有机质的去除对磷的吸附量影响不大。有机质只是通过影响铁铝氧化物形成结晶来影响土壤对磷的吸附量。而 Shuman(1988)在实验中却发现保留有机质只去除无定形氧化铁时,土样对 Zn^{2+} 的吸附量反而有增加的趋势,而同时去除土壤样品中的无定形氧化铁和有机质时,土样对 Zn^{2+} 的吸附量有显著的减小趋势。

1.2.2 农区土壤非点源污染物动态变化研究

1. 土地利用变化对土壤氮素水平的影响

土地利用的变化能够导致土壤中氮储存量的减少。土壤碳循环和氮循环密切相关,土地利用类型的变化既能影响土壤中碳的含量又能影响土壤中氮的含量(Houghton et al.,1999)。一般而言,严重的氮损耗意味着施肥量的增加。此外,土地利用的变化还能够促进气态氮向水环境系统的排放或渗漏,形成氮污染负荷(Powers,2004)。前人的研究表明,不同的土地利用类型对氮素运输有显著的影响。林地开垦成耕地增加了土壤中有机氮的含量,同时削弱了氮的矿化潜力,从而改变了土壤有机氮循环过程。土壤氮矿化是植物生长所需氮的重要来源,可以反映土壤肥力和生产力。土壤有机质分解控制着氮素的动态过程,氮素的矿化和硝化作用决定着土壤质量(Glaser et al.,2001;Yimer et al.,2007)。土地利用类型从传统的粮食作物变为大棚蔬菜后,TN 和 $NO_3^- -N$ 含量增加,氮肥的大量施用加上多次灌溉,加剧了硝化,从而加速了土壤 $NO_3^- -N$ 的淋失。

在现有条件下,改良农业管理措施如采用合理的耕作模式可以在一定程度上缓解因为土地利用类型变化引发的土壤 N 的损失(Puget and Lal,2005;Grandy and Robertson,2007)。当然,最有效的措施就是退耕还林或退耕还草(Eaton et al.,2008)。改进管理措施,比如土壤施肥、增加原生植被、种植豆类和牧草,也可以增加土壤含 C 量(Conant et al.,2001)。

土壤 N 的转化是一个微生物参与主导的过程,受土壤微生物群落的结构、基质数量和质量影响(Compton and Boone,2002;Templer et al.,2003;Grenon et al.,2004),而这些因素则受不同土地利用类型引起的凋落物种类和数量的控制(Patra et al.,2006)。微生物活动是生态系统中能量和营养物质循环过程的基础,同样与土壤 N 循环相关,土地利用类型改变引起的土壤微生物活动变化会显著影响土壤 N 的有效性和整个 N 循环过程(Idol et al.,2002)。

土地利用改变导致的微生物活动的改变对 N 的有效性以及土壤 N 循环有显著影响。植被类型影响土壤性质和结构以及微生物群的活性和组成,从而影响土壤中碳和氮的迁移和转化。有许多前人致力于研究森林组成对土壤有机质(SOC)和总氮(TN)运输和转化的影响。结果证明,不同的植被类型,其土壤中碳和氮的矿化速率显著不同(Smolander et al.,2005)。关于植被类型对土壤 DON 释放的影响的研究发现,白桦林的腐殖质层 DON 含量显著高于松树林,松树林显著高于阔叶林。不同的树种导致土壤性状的改变,从而造成土壤中碳和氮迁移特性的不同。

2. 土壤氮素向地表水体和地下水的运移

水动力学决定了水在地表径流、植物根系区、侧向流和渗漏到地下水4个去向间的分配,水在这4部分分配的不同比例直接影响到氮素的流失和氮的存在形式。相应地,根据不同的形成过程,径流可分为以下4个类型:超过入渗速率而产生的坡面流、土壤饱和后产生的坡面流、地下侧向流和向地下水的渗漏(图1-1)。大量研究表明,地表和地下的水文途径对氮素的运移都有重要作用(Peterson et al.,2002;Petry et al.,2002;Silva et al.,2005)。地表径流可以引起大量颗粒态氮的流失,强降水会增加地表径流量的产生,同时增加由表层土壤侵蚀造成的颗粒态氮流失。如果提前施用了有机肥料,强降水还会引发溶解态氮(NH_4^+-N、NO_3^--N)流失的高风险(Smith et al.,2001)。地下径流即潜流的产生受土壤条件、水电导率和降水特征的影响,进而影响氮的流失(Chae et al.,2004;Silva et al.,2005)。NO_3^--N移动性很好,很容易随渗透水从植物根系区迁移进入地下水。许多研究证明,潜流是NO_3^--N迁移的首要途径,氮素通过潜流的流失量大于通过地表径流的流失量(Tan et al.,2002)。在三峡地区的紫色土中,NO_3^--N的流失主要通过潜流,而潜流的产生主要由紫色土的水文地质学特征和降水特征决定(Jia et al.,2007)。氮素通过地上和地下两种水文途径进行的迁移受降水量(Liu et al.,2002)、地形和流量(Cao et al.,2003)的影响。

图1-1　水文过程示意图

图片来源:桂林理工大学资源与环境工程系

　　土壤氮素向径流中的运移主要是 NH_4^+-N、NO_3^--N 两种形态(Udawatta et al., 2006)。针对农业非点源氮从农田土壤向地表径流运移的影响因素已经进行了广泛的研究。氮素流失深受耕作模式、土地利用类型、种植制度的影响。设置缓冲带和每年轮作制度可以有效减缓土壤侵蚀(Han et al., 2010)。选种合适的植被类型可以抑制径流的产生,进而减少农田土壤总氮(TN)和 NO_3^--N 的流失(Udawatta et al., 2006)。径流形成和氮素流失的动力学变化与降水、土壤性质、土地利用类型和植被类型有关(Yang et al., 2007)。在中国西南丘陵地区,单次降水过程中径流形成初期主要是颗粒态氮的流失,而在后期则主要是溶解态氮(Yang et al., 2009)。施用尿素后,降水可能会增加 NH_4^+-N 向地表径流的流失量,但对 NO_3^--N 影响很小(Jia et al., 2007)。土壤可溶性有机碳(DOC)和可溶性有机氮(DON)的流失则主要由降水强度和土壤水流动两种因素共同决定(Cooper et al., 2007)。

　　部分 NH_4^+-N 会与磷(P)一起随土壤侵蚀而进行运移(Ramos and Martínez, 2004)。典型暴雨事件形成暂时径流,造成土壤侵蚀,该过程中的 NH_4^+-N 损失通常与磷相关联(Yang et al., 2009)。暴雨事件是造成严重水土流失(Hollinger et al., 2001; Spaan et al., 2005)和氮素流失(Zhang, 2003)的主要原因。在津巴布韦,由暴雨事件引起的土壤侵蚀量占到了总土壤侵蚀量的 50% 以上(Brezonik and Stadelmann, 2002)。美国大都市区暴雨事件造成的土壤侵蚀占土壤侵蚀总量的 50% 以上(Brezonik and Stadelmann, 2002)。在中国亚热带地区,流域氮素流失绝大部分是由极端降水事件造成的(Zhang, 2003)。

　　季节性冻融循环作用于耕地土壤结构,使土壤容重和穿透阻力增大,且对团聚体的影响强于微团聚体,从而降低了土壤团粒结构的稳定性(Oztas and Fayetorbay, 2003; Six et al., 2004; Henry, 2007)。在季节性冻土中,连续冻融过程会促进土壤微团聚体的形成,有利于维持耕地土壤中的氮素水平(Sodhi et al., 2008)。在春季解冻期,特别是当土壤含水量处于较高水平时,连续冻融过程加剧,导致土壤侵蚀严重(Ferrick and Gatto, 2005)。

　　冻融循环加速氮的矿化,尽管这些增长将至少有三个连续的周期后消失(Herrmann and Witter, 2002)。此外,在孵育土壤连续的冻融循环实验中可观察到 N_2O 大幅增加(Schimel and Clein, 1996)。即使农业土壤冻融利于土壤氮素的积累,脱硝作用显然发生在表层土壤解冻期间以及土壤中冰的存在明显促进 N 耗散,这两者可能增大 N_2O 排放通量,进而加速氮素损失(Schimel and Clein, 1996)。

1.2.3 无资料地区非点源污染模型模拟研究

1. 无资料地区水文研究

一般来讲,无径流资料流域水文预报主要有 6 种方法:水文比拟法、参数等值线图法、径流系数法、地区经验公式法、随机模拟法、区域化方法等(李红霞,2009)。

水文比拟法是将流域实测水文特征值移植到无资料的、水文相似区流域内,对相似流域进行水文研究的一种方法,这种方法在分析估算年径流时非常实用,同时,在缺乏等值线图时也是一个较准确的方法。即使在具有等值线图的条件下,如果研究流域面积较小,它的年径流量受流域自身特点的影响很大,可以对研究流域影响水文特征值的各项因素进行具体分析,此时,水文比拟法也比较实用,因为它可以避免盲目地使用等值线图而不考虑局部下垫面因素所产生的较大误差。

对于参数等值线图法,一些学者已在全国和各省(区)的层面上绘制了水文特征等值线图和表,其中可根据年径流深等值线图及 C_v 等值线图分析地区的径流相关系数,也可供中小流域设计年径流量估算时直接采用(詹道江和叶守泽,2000)。这种方法提高了地区水资源的评估精度,对于难以找到详细降雨资料或参证流域的地方很适用。

径流系数法是通过分析长时间系列的降雨与径流数据,统计出多年年降雨量,然后再确定其多年平均年径流系数,由降雨量和年径流系数就可以得出其多年平均年径流量。这个过程中径流系数的确定至关重要,根据之前的一些研究,其径流系数的确定方法有以下几种:①直接采用已有地区多年平均年径流系数成果;②移用本流域或邻近流域规划设计或已建水利工程或查阅本地区水文手册上的结果,如水库的长时间系列平均年径流系数。

地区经验公式法主要是建立年径流与其影响因素的经验公式来反演其径流。这种公式在不同地区的形式不一样,受各种当地因素影响,一般与面积降雨量相关,其参数可通过实测资料分析确定,或采用已有分析成果。这种方法的优点是可以在大范围粗略快速估算流域内地表水资源状况,缺点是其精度较低。

区域化方法也是解决无资料流域径流计算问题的有效途径之一。通过比较两个流域的物理特征和属性,将有资料地区的模型参数进行移植或者根据目标流域的特征,结合研究流域的特征进行推求或修正,从而得到无资料流域的模型参数来估计对无资料流域水文变量。区域化方法主要有距离相近法、属性相似法和回归法三种方法。杨鸣蝉等(1999)综合了参数等值线图法和水文比拟法对流域的径流进行模拟,极大地提高了径流预测的精度。杨家坦(1999)通过利用流域的高程和年降水量的关系,平均分配流域面上的年降水量,并在同一气候区内分解小流域不闭合的河床地下水潜流量,成功地对该地区的径流进行模拟,为无资料小流域的径流计算提供了一种方法。

SCS 模型是美国农业部水土保持局(Soil Conservation Service, SCS)于 20 世纪 50 年代开发研制的流域水文模型,被镶嵌于 SWAT 模型之中用来计算水文循环过程,并在美国及其他国家得到广泛应用,特别在流域工程规划、水土保持及防洪,以及无资料流域的多种水文模拟等方面得到应用(刘家福等,2010)。与其他模型相比,SCS 模型的结构简单、参数少,在诸多流域得到过应用,并且适用于无资料地区和小流域。在国内,很多学者都指出该模型适合运用于中国的小流域计算,并在一些流域取得很成功的模拟(穆宏强,1992;张建云和何惠,1998;史培军等,2001;张秀英等,2003),但较少有在大流域进行径流估计和预测。

IHACRES(identification of unit hydrographs and component flows from rainfall, evapotranspiration and streamflow data)模型是一个以单位线原理为基础的集总式概念性降雨-径流模型(柴晓玲等,2006)。该模型是由非线性和线性两个模块串联组成,非线性模块将降雨转化为有效降雨,线性模块将有效降雨转化为径流(柴晓玲,2005),其结构如图 1-2 所示。

图 1-2　IHACRES 模型结构示意图(柴晓玲,2005)

IHACRES 模型也可用于模拟流域日径流模拟,Post 和 Jakeman(1996)为了确定影响水文响应的因子,对不同流域的 20 多个地形特征进行了比较和分析,并确定了流域面积 A、流域密度 p、伸长度 E、梯度 G、坡度 θ、过水断面面积 A_w 6 个流域特征参数对确定水文响应最为敏感。

国内学者柴晓玲等(2006)运用 IHACRES 模型对石门、高关、白云山水库流域以及汉江支流软马河四个流域进行研究,分别运用 IHACRES 模型和新安江模型进行径流模拟。结果表明,IHACRES 模型模拟精度高于新安江模型,对无资料地区的径流模拟更为适用。余香英等(2010)根据降雨径流过程的特征修正了 IHACRES 水文模型,并将其与 GLUE 方法结合,提出了资料缺乏区域降雨径流的分析方法,为资料缺乏区域初期雨水截留规模的设计和方案优化提供依据。

DTVGM 的前身是 TVGM(time variant gain model),其将降雨和产流之间的关系描述成非线性,同时,土壤水含量也对其产流具有相当重要的作用。其量化后的表达式如下:

$$R_{i,t} = G \cdot P_{i,t} \tag{1-1}$$

式中，$R_{i,t}$ 为地表产流量；G 为时变增益变量因子；$P_{i,t}$ 为有效降水量。G 是土壤含水量和地区的地形特征等的函数，其量化后的表达式为

$$G = g_1 \left(\frac{S_{i,t}}{W_{i,t}} \right)^{g_2} \tag{1-2}$$

式中，g_1 和 g_2 为模型参数，主要与径流产生大小有关；$S_{i,t}$ 为饱和土壤含水量；$W_{i,t}$ 为土壤实际含水量，其大小范围为 $[0,1]$。

随后，夏军、王纲胜等于 2002 年在 TVGM 的基础上，引进了系统水文学和物理水文学方法，提出了新的分布式时变增益水文模型（distributed time variant gain model，DTVGM）。

DTVGM 自提出以来，在我国干旱、半干旱以及湿润地区均得到了广泛的应用，曾被先后应用于潮白河流域（王纲胜等，2002）、黑河流域（夏军等，2003）、黄河流域（夏军等，2007）、涪江流域（王渺林等，2007）等，以及黄土高原（叶爱中等，2008）等地区。从上面这些应用可以得出：DTVGM 不仅具有分布式水文概念性模拟的特征，同时具有水文系统分析适应能力强的优点，在计算过程中采用了非线性系统理论，使其降低了模型参数的要求，而且使得水文模拟在无资料地区或缺资料地区得到较好的应用。总体来说，DTVGM 具有以下优点：模型的产流机制简单；模型结构和参数无假定，适应性强；参数易于容错；模型体系较开放，模型结构较灵活；容易于与其他空间信息相耦合等。

2. SWAT 模型应用研究进展

SWAT 模型是一个基于物理机制的长时段流域分布式水文模型（图 1-3），由美国农业部农业研究所（USDA）Jeff Arnold 博士开发，利用其复杂的氮磷污染物质的平衡关系来估算流域上非点源产生量，输出数据的时间步长可以选择为年、月、日，可以模拟的项目主要有径流（地表、地下径流和壤中流）、泥沙量、氮、磷等数据，可以对不同土地利用方式、不同的土壤类型和管理条件下的流域进行模拟水质和非点源负荷的时空分布规律，也能在资料缺乏的地区建模，解决非点源输入数据的时空分布不均的问题。

水文过程的模拟是整个 SWAT 模型的基础，其精度大小直接决定其产沙漠型及污染物模型的精度，诸多学者都从这个方面投入了大量的时间和精力进行研究。许多统计学方法都被用于 SWAT 模型的校准及验证过程。经过多年的实践经验和不同方法的比较，相关性系数（R^2）及纳什系数（Nash-Sutcliffe efficiency，NSE）最终被大部分研究者采纳，因而成为最常用的评估模型精度的标准。

SWAT 模型已经被国内外学者应用到各个流域和地区的产流以及非点源污染的估算和管理中。Arnold 等在小到几百平方千米，大到几十万平方千米的不同

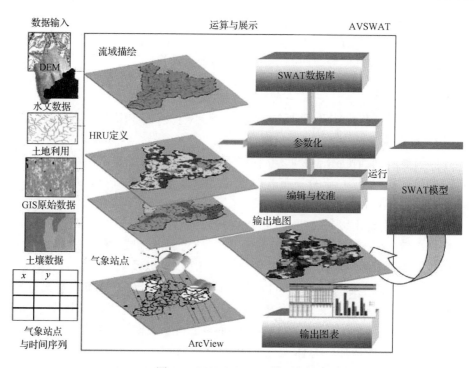

图 1-3　USDA-SWAT 模型架构

尺度上使用 SWAT 模型对产流量及产沙量进行了模拟及验证过程研究（Arnold and Allen，1996；Arnold et al.，1999）。Bingner(1996)对密西西比河流域 10 年的产流量进行了校准研究；Rosenthal 和 Hoffman(1999)在得克萨斯州中部 9000 km² 的研究区域内使用 SWAT 模型对产流、产沙及产污过程进行了研究。从模型开发初始至今，世界各地开展过数以百计类似的研究。同时，SWAT 模型对于研究氮磷迁移转化过程也是一个很方便的工具。Stewart 等(2006)在得克萨斯州 Bosque River 流域内进行了氮素污染的模拟研究，并与监测数据进行了对比分析，其工作都得到了令人信服和满意的结果，其纳什系数均大于 0.60。Chu 和 Shirmohammadi(2004)在马里兰州的 Warner Creek 流域应用 SWAT 模型得到了较为可信的年际变化的结果，但是逐月数据的模拟效果相对不太理想。在爱荷华州，Chaplot 等(2004)在 Walnut Creek 流域用 9 年的氮磷监测数据校正了 SWAT 模型，结果表明氮污染负荷的模拟结果比磷的模拟结果更为准确。Bracmort 等(2006)和 Arabi 等(2006)发现用 SWAT 模型可以进行最佳管理措施的研究工作。他们在印第安纳州的两个小流域进行了相关研究，其逐月纳什系数分别为 0.37 和 0.79。在磷素（吸附态磷和总磷）模拟方面，Cerucci 和 Conrad(2003)在纽约州 Townbrook 流域进行了 SWAT 模型模拟并进行了校准，其逐月模拟结果的纳什系数为 0.91，较为准确地模拟了磷素的迁移转化过程。Veith 等(2005)在宾夕法尼亚州的研究结果表明,模型的溶解态磷和总磷的模拟结果比较吻合,基本上与监测值在同一数量级上。

国内的 SWAT 模型研究及应用比国外起步晚,但是经过国内学者多年的努力,当前国内的研究基础已经比较完善。在模型研究方面,郝芳华等(2006)对土地利用变化和降雨变化对 SWAT 模型产流量及产沙量的影响进行了研究。王晓燕等(2008)通过 SWAT 模型对北京密云水库北部流域进行了氮磷等负荷的模拟,经过参数率定,模型对 1990~1998 年月径流模拟精度的相关系数达到 0.82,对于 2000 年石匣子小流域的泥沙、总氮、总磷模拟误差均小于 10%,模拟效果较好;胥彦玲等(2009)在黑河流域对径流、泥沙以及营养负荷等进行模拟,取得了较为理想的结果,进一步证明了 SWAT 模型在黑河流域非点源污染模拟的适用性和可靠性。

3. 无资料地区的非点源污染研究

国外对非点源污染的研究真正起步于 20 世纪 60 年代。首先在美、英、日等一些发达国家率先进行,随后在世界其他各地逐渐受到重视并广泛的研究。40 多年来,西方国家在这方面的研究工作从概念、研究方法到新技术应用、管理手段上逐步发展,已经趋于完善。Johnes(1996)运用输出系数法,将其非点源污染负荷表达为与流域经济、社会状况和土地利用方式相关的函数。Mahe 等(2005)在 Nakambe 流域研究土地利用对土壤含水能力和流量的影响,结果表明其土壤含水量大幅度减小,而其流量有显著的上升,认为地表径流过程和地下水的变化趋势对流域的这些变化产生影响。

相比而言,我国对非点源污染的研究起步就晚得多,但是近些年来发展比较迅猛,各种非点源污染模型被广泛地应用到各种流域和研究中。李怀恩(2000)通过分析流域出口断面流量、泥沙与水质同步监测资料,提出了实用的流域产沙与产污计算模型,模型的优点是要求参数少、应用范围广,适合我国目前资料短缺的一部分非点源污染研究现状,但其应用、推广有待接受后期检验。陈友媛等(2003)从水文学原理角度出发,将点源和非点源污染的形成和运移规律考虑进来,由此提出了一种简便易用的污染源负荷划分的水文估算方法,即径流分割法,但是其推求过程和步骤较复杂,只是简单地将枯季径流污染负荷视为点源污染负荷,从而使计算结果误差较大。

蔡明等(2005)利用我国现有的水文站降雨资料和水质资料提出了一种简便易用的流域非点源污染负荷估算方法——降雨量差值法,假设非点源污染的产生与降雨量和降雨径流过程密切相关,并以渭河为例,通过所获得的历史数据建立了降雨量与非点源污染负荷总氮之间的关系,并分别预测了流域年均污染负荷和单场降雨产生的非点源污染负荷。

李红霞等(2011)也在缺资料的赣江袁河流域进行了非点源的模拟研究,通过插补延长、参数移用等技术手段处理分析,构建了基于分布式 SWAT 模型的袁河流域非点源污染模拟方案。对流域内水量、泥沙及主要污染物氨氮(NH_4^+-N)和总氮(TN)模拟计算结果显示,纳什系数和相关系数基本达到 0.7 以上,模拟精度较为满意,说明了 SWAT 模型在资料缺乏流域应用的可行性,所用的技术方法对其他流域的类似研究具有一定的参考价值。

张新华等(2011)也以赣江袁河流域为例,在划分流域控制单元的基础上利用 SWAT 模型对袁河流量进行模拟,再结合 LDC(负荷历时曲线)法,实现了袁河流域分区(控制单元)、分期(丰水期、平水期、枯水期)、分类(点源和非点源)和分级(不同水质目标)的总量分配方案。结果表明,SWAT 径流模拟精度较为满意,可以为 LDC 法提供控制单元内部的流量研究结果,说明 SWAT 模型结合 LDC 方法可以较好地应用于资料匮乏流域的水污染物总量分配。

非点源污染模型发展至今已有较为完备的模型体系和方法,并取得了大量有价值的研究成果,但是这些模型都主要是在一些水文资料比较丰富的地区进行模拟,而对于无资料和缺资料地区的非点源污染模拟,由于中国水文监测系统不完善,给流域的水文循环模拟研究带来了巨大困难。而流域的非点源污染负荷受水文过程影响最大,是其流域非点源污染负荷主要驱动力。现有的有丰富水文资料地区的水文模型在移植到无资料地区时通用性往往比较差,又缺乏足够的观测数据进行率定和修正,所以水文模拟的准确性是非点源污染负荷模拟可靠性的基础。

另外,非点源污染模型影响因素众多,容易在率定过程中存在异参通效的问题,如何分析、确定、评价不同因素对非点源污染模拟结果的影响,并真实反映其当地的水文特征,探索相应对策,减少模型模拟结果的不确定性,这些都是非点源污染模型的在模拟过程中需要考虑的问题。

1.3　季节性冻融农区概况

1.3.1　三江平原概况

三江平原位于黑龙江省东部,是由黑龙江、乌苏里江及松花江冲积而成的低平原。该区北起黑龙江,南抵兴凯湖,西邻小兴安岭,东至乌苏里江,地理坐标为 $43°49'55''\sim48°27'40''$N,$129°11'20''\sim135°05'26''$E,总面积 10.89 万 km^2,地理位置如图 1-4 所示。土地自然肥力较高,适合玉米、水稻、小麦和大豆等多种作物生长,农业发达。

三江平原地势由西南向东北倾斜,根据地质构造,可以划分为三个不同的地貌区:①西部和中部低山丘陵区,位于三江平原西部的小兴安岭、张广才岭和中部的

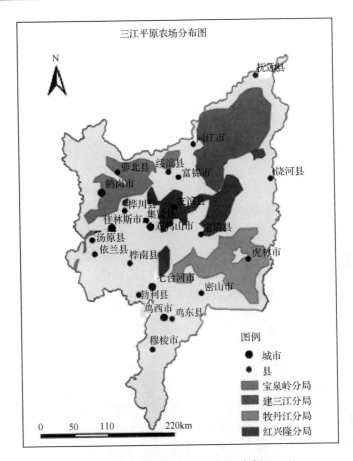

图 1-4　三江平原地理位置示意图(白娟,2013)

完达山脉,均属上升隆起的低山丘陵;②东北部低平原区,为大型内陆沉降盆地,是在黑龙江、乌苏里江和松花江等侵蚀堆积作用下形成的,平原内广泛分布有一级阶地、高河漫滩和低河漫滩;③东南部穆棱-兴凯低平原区,是在穆棱河和兴凯湖长期作用下形成的,平原内地域辽阔,主要由高河漫滩、低河漫滩、湖成阶地和湖滨滩地组成。此外,在三江平原和穆棱-兴凯平原上还散落分布有一些残丘,其海拔高度多为 100~150 m。

三江平原属于温带湿润、半湿润大陆性季风气候区。全年日照时数 2400~2500 h,年平均气温 2.5~3.6 ℃,≥10°年积温 2200~2500 ℃,无霜期 120~140 d,冻结期 140~190 d,季节性冻土深度为 1.4~2.5 m,年降水量 500~650 mm,降水时空分布不均匀,75%~85%的降水集中在 6~10 月,空间上东部降水多于西部。冬季受蒙古高压控制,寒冷干燥,最冷月平均气温低于−18 ℃,降水量为 20~40 mm;夏季受太平洋副热带高压控制,温暖多雨,降水量占全年降水量的 60%以上,7月平均气温 21~22 ℃;春秋两季为冬夏季风交替季节,气候多变,春季多西南大风,易旱易涝,秋季降温急剧,降水多,易发生早霜和秋涝。

三江平原土壤类型多样,有黑土、暗棕壤、沼泽土、草甸土、白浆土、水稻土、泥炭土、冲积土、灰褐土、石质土、火山灰土和棕色针叶林土 12 个土类。其中暗棕壤、沼泽土、白浆土、草甸土、黑土和水稻土是三江平原的主要土壤类型,占全区土壤面积的 98.7%。各土壤类型的空间分布如图 1-5 所示。暗棕壤主要分布在山地丘陵区;白浆土主要分布在各级河谷 I 级阶地上;黑土分布在西部山前台地顶部;草甸土分布在主要水系的河漫滩上;水稻土分布在大小河流河漫滩以及 I 级阶地上;沼泽土主要分布在中部低洼地带,是在常年积水或过湿条件下,土体上部泥炭化下部潜育化的土壤,若泥炭层厚度大于 50 cm,则为泥炭土。

三江平原植被种类主要包括森林、沼泽化草甸和沼泽植被,属于长白植物区系。森林主要分布在平原周围的低山丘陵区,按植被类型分为针叶林、针阔混交林和落叶阔叶林。天然湿地植被主要分布在黑龙江、松花江、乌苏里江及其支流的河漫滩、湖泊及其湖滨洼地,主要有水生草本类、湿生草甸类和灌木类。

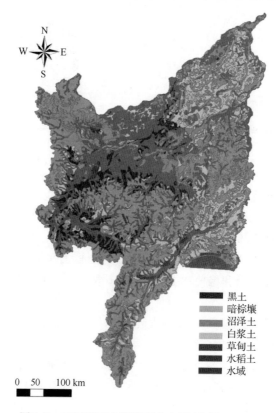

图 1-5　三江平原土壤类型分布图(白娟,2013)

三江平原水资源丰富,河流纵横,有大小河流190余条,主要河流20条,分属黑龙江、乌苏里江和松花江3大水系,总流程5418 km²,流域面积9.45万 km²。此外,还有大、小兴凯湖和大力加湖等。区内多年平均径流深为124.4 mm,多年平均径流量为135.45亿 m³。三江平原主要河流分布如图1-6所示。

图1-6 三江平原主要河流分布图(白娟,2013)

1.3.2 研究区概况

1. 地理地形

八五九农场位于三江平原东北部的沿江三角洲亚区($47°18′\sim47°50′$N;$133°50′\sim134°33′$E),东临乌苏里江,西与胜利农场毗连,南与饶河农场相邻,北与前锋农场和前哨农场相接,总面积1355.5 km²。其地理位置示意图见图1-7。

农场地势整体由西南向东北倾斜:西南部为完达山北麓余脉形成的山地和丘陵,坡降在1/10~1/100之间;东北部为别拉洪河和乌苏里江冲积成的低地平原,坡降均在1/100以下,最缓处为1/4000。南部龙山、斯摩勒山高程在海拔100~363 m之间,最高处海拔333.4 m,中部丘陵海拔在70~80 m之间,东北部平原海

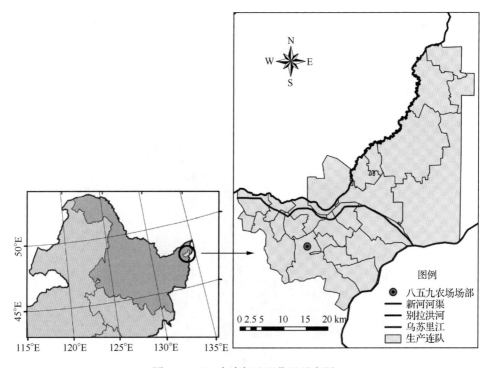

图 1-7　八五九农场地理位置示意图

拔在 43～56 m 之间。

2. 气候

八五九农场属寒温带季风性大陆气候,早春轻旱,气温偏低,1 月均温为
−21～−18 ℃;夏季受太平洋副热带气团影响,盛行偏南风,高温多雨,7 月均温
21～22 ℃,6～8 月降雨量占全年的 60%～70%;秋季降雨偏少,多干旱;冬季盛行
西北风,气候严寒干燥。区域内年平均气温 2.1 ℃,有效积温 20～24 ℃,年均降雨
量为 557.2 mm,无霜期为 110～135 d,日照时数为 2260～2449 h;冰冻期 6 个月,
封冻日期多在 11 月初,次年 4 月解冻,冻土深度平均为 141 cm。研究区冬季调研
拍摄的冻土见图 1-8。

3. 自然资源

八五九农场内现有挠力河国家级自然保护区和乌苏里江省级自然保护区。

挠力河国家级自然保护区位于三江平原腹地,为湿地生态系统类型的自然保
护区,保护区 90%以上的区域保存着完整的原始湿地生态系统,保护对象是水生
和陆栖生物及其生境共同形成的湿地和水域生态系统。区内共有野生植物 1047

图 1-8　研究区冬季的冻土

种,野生动物 593 种,是重要的种质资源库,对遗传多样性的保护、保存具有重要的现实意义和深远的历史意义。

乌苏里江省级自然保护区位于乌苏里江畔,横跨八五九农场全境,为湿地生态系统类型自然保护区,湿地面积占保护区的 33.6%,主要保护对象为湿地和水域生态系。区内有植物 1000 多种,其中国家保护濒危植物 7 种。

4. 河流水系

研究区内的河流均属于乌苏里江水系,乌苏里江发源于锡霍特山脉,全长 905 km,流经八五九农场长度为 32 km,共有三条主要河流:挠力河、别拉洪河和阿布胶河,均自西向东横贯八五九农场并注入乌苏里江。

挠力河:发源于前锋农场南山,为雨雪混合补给的沼泽性河流,多年平均径流量为 19.8 亿 m³,全长 475 km,流经八五九农场 2 km,最终从场区东南端注入乌苏里江。

别拉洪河:发源于富锦市东石砬子山,系地面净流汇集而成的沼泽河流。全长 180 km,流经本场长度 59 km,上游段河道不明显,河床宽 1～2 km;下游段河道有明显河槽,宽 15～25 m,深 1.5～2 m,滩地宽达 1～2 km,弯曲系数 3～3.5,支流小而短。

阿布胶河:发源于喀尔喀山与斯摩勒山相接的龙山西侧,全长 32 km,为季节性河流,流域面积为 106.4 km²,河道弯曲,河槽宽 2～3 m,平均深度为 1.5 m。

八五九农场主要河流如图 1-6 所示。

5. 土地利用与土壤

八五九农场总面积为 1356 km²,山地面积为 44.14 km²,占总面积的 3%,丘陵面积为 197 km²,占总面积的 14%,低平地面积为 929.3 km²,占总面积 63%。农场现有耕地面积 762.9 km²,其中水田 435.2 km²,旱地 327.7 km²,土地利用类型见图 1-9。

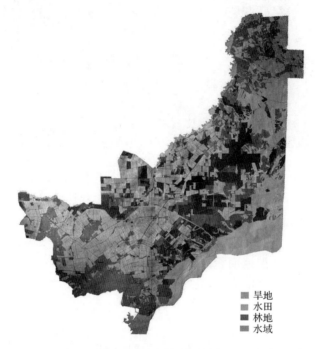

图 1-9　土地利用类型图

农场内土壤类型主要为棕壤、白浆土、沼泽土(有机土)和泛滥土四类,其中以白浆土分布最广,约占全场总面积 60.7%,其次为沼泽土,占 26.2%,泛滥土,占8.7%,棕壤,占 4.4%。

白浆土是在温带半湿润及湿润区森林、草甸植被下的上轻下黏母质土。白浆土经过白浆化等成土过程,形成了具有暗色腐殖质表层、灰白色亚表层(白浆层)及暗棕色的黏化淀积层的土壤。白浆土又分 3 个亚类:

岗地白浆土,黑土层厚 12～17cm,白浆层明显,肥力较低。八五九农场中该类白浆土占白浆土总面积的 5.6%。

草甸白浆土,黑土层厚 14～23 cm,白浆层发育较弱,肥力较高,是白浆土向草甸土过渡类型。八五九农场中该类白浆土占白浆土总面积的 58.3%。

潜育白浆土,黑土层厚 15~22 cm,地表有短期积水,是白浆土与沼泽土之间的过渡类型。八五九农场中该类白浆土占白浆土总面积的 36.1%。

沼泽土(有机土)是发育于长期积水并生长喜湿植物的低洼地土壤。其表层积聚了大量分解程度低的有机质或泥炭,含量多在 500~870 g/kg 之间,其中的腐殖酸可达 300~500 g/kg,全氮量在 10~25 g/kg 之间,阳离子交换量可达 80~150 cmol/kg,土壤呈微酸性至酸性反应,底层有低价铁、锰存在。

泛滥土又称河淤土,主要分布在江河两岸的泛滥地上,土壤形成时间短,土质肥沃,其下的地下水埋深一般在 1~2 m,植被以喜湿性植物为主。

棕壤是发育于暖温带湿润气候下的土壤。成土母质多为酸性母岩风化物,心土层(20~50 cm)呈鲜棕色。土壤呈微酸性反应,pH 在 6.0~7.0 之间,有机质含量一般在 80 g/kg 以上,全 N 含量在 2.4~4.5 g/kg 之间,土壤阳离子交换量为 15~30 cmol/kg,土壤透水性较差。

6. 社会经济

农场总人口 12 236 人,其中农业人口 9 863 人,人均占有耕地 6.23 hm^2。农场农业生产以农作物和经济作物为主,盛产小麦、大麦、稻谷、玉米、大豆、杂豆及各种瓜果蔬菜等,农作物种植为一年一熟。2007 年农场共施用氮肥 2 455 t,磷肥 2 477 t,复合肥 56 t。林业以林产品采集和林木采运为主,牧业以肉蛋奶及毛绒产品的生产为主。2007 年八五九农场粮食总产量为 304 701 t,农业总产值为 36 501 万元,占生产总值 69.6%。农场农业总产值构成如图 1-10 所示。

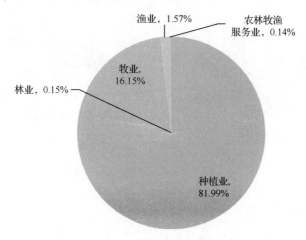

图 1-10 八五九农场农业总产值构成

农场工业以电力水生产供应、食品加工、机械制造维修为主,总产值为 6 839

万元,占生产总值 13.0%。农场第三产业以建筑业、运输业和商业为主,总产值
9 122 万元,占生产总值 17.4%。

1.3.3　目标流域概况

1. 地理位置

阿布胶河位于黑龙江八五九农场内(图 1-11),47°22′~47°28′N,134°0′~
134°20′E。该河发源于喀尔喀山东与斯摩勒山的龙山洞,西北流至大板屯,东北折
过农场场部,西连大板水库,东靠千亩人工养鱼池,穿过平东村穿黑林泡,经瓦盆堡
注入乌苏里江。全长 38 km,流域面积约 140 km²,具有典型的山区小河特征,属
于季节性河流,多雨季节,河水暴涨暴落。

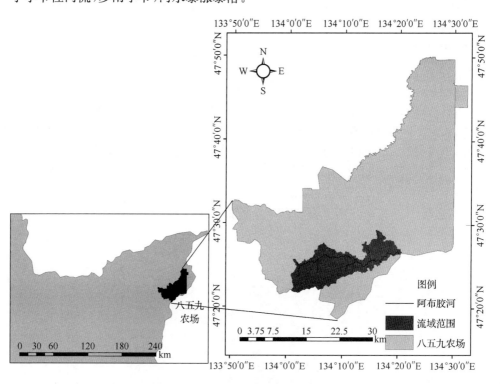

图 1-11　阿布胶河流域地理位置图

2. 农业活动

根据八五九农场的场志,在 1957~1985 年间,农场主要种植小麦、大豆、玉米
等作物,而在 1985~2005 年的 20 年间,农场内的农业生产得到快速的发展,加快
了种植结构调整,加强了栽培措施,提高了生产管理水平。其种植结构从传统的大

豆、小麦、玉米种植为主的三元结构调整为水稻、大豆、小麦、大麦、玉米和经济作物并重的多元化种植结构。

从建场开始到 1976 年,农场内作物并没有进行施肥,1976 年以后,开始使用少量的磷酸二铵和尿素。农场旱地基本上采用机械施肥,在播种作业的同时在种下施肥。20 世纪 90 年代之后,大豆采用秋施肥,在秋翻地后起垄的同时施入底肥,水田采用人工撒施和施肥机撒施,苗期追施叶面肥,或采用机械和飞机施肥。

3. 非点源污染状况

据调查,农业垦殖不仅引发一系列生态与环境问题,改变了农药化肥投入和耕作方式,同时也打破了三江平原长期的自然地理过程中所形成的物质循环过程,加快了土壤养分在土水界面的迁移速率,以氮、磷为主的营养物质进入水体,从而带来了严重的环境污染问题,使区内长期历史条件下形成的优质水资源遭受严重威胁。

一些学者对三江平原的水和非点源污染进行过研究,大致总结如下:王文娟等(2008)基于地理信息系统(GIS)结合美国通用水土流失方程(USLE)算出三江平原 2005 年的土壤侵蚀量分布图,并叠加分析研究区坡度、地貌和土地利用状况与土壤侵蚀强度等,以此来了解当地的土壤侵蚀现状及其影响因素,为该区域的侵蚀防治、开展水土保持等政府宏观决策行为提供科学依据。陆琦等(2007)对三江平原不同开发强度的浓江上游段和别拉洪河中游段的农田排水渠系的氮素时空变化特征及其影响机制进行研究,探讨了农田渠系在氮素传输过程中的功能,以期为防止湿地生态退化和生态恢复调控提供参考。朱伟峰等(2009a,2009b)运用 SWAT对三江平原蛤蟆通河流域农业非点源污染模拟研究,分析了不同年份、不同月份、不同土地利用类型、不同土壤类型的非点源负荷产出特性,同时还研究了天然湿地对农业非点源污染的净化效果,其结果表明,天然湿地对非点源污染具有明显的净化效果。赵光影等(2011)以三江平原境内主要的沼泽性河流挠力河、别拉洪河和浓江河为研究对象,比较分析了三条河流碳、氮、磷等元素时间和空间的变化规律与流域开发程度之间的关系,并揭示典型湿地流域土地利用变化后的河流营养元素含量变化效应。

总体来看,三江平原的土地利用结构在不断改变,在农业化的作用下,很多森林、草场、沼泽面积都存在着不同程度的减少,主要都是转变成旱地和农业用地(宋开宇,2011),同时不断增强的农业活动也导致三江平原地区氮磷污染负荷的增加。特别是随着三江平原草场、沼泽面积因继续开发而不断减小,这些变化也开始对三江平原的农业产生诸多的负面影响。

1.4　冻融农区土壤氮污染研究框架

1.4.1　冻融过程作用下的土壤氮素界面行为特性研究

在已有的研究基础上,针对现有研究存在的问题,将未经人类农业活动干扰的湿地表层土作为参照,根据不同的种植方式,分别设计室内模拟实验,旨在探讨不同影响因子下,土壤对 NH_4^+-N 吸附过程的变化,为进一步研究地区农业非点源污染形成的机理提供数据和理论基础。

1. 冻融作用对土壤吸附能力的影响

冻融对土壤理化性质的改变会影响氨氮在土壤中的物理化学行为,在不同的冻融条件下研究氨氮吸附量的改变对初步探明氨氮在冻融时的水土界面迁移规律至关重要。本小节通过理论分析、研究区实地踏勘、野外采样、室内实验和数据分析,量化不同冻融次数下湿地土壤对氨氮吸附量的变化,从宏观上体现冻融过程对土壤吸附能力的改变,并以湿地土壤为背景值,对比了旱地土壤与湿地土壤在土壤理化性质和土壤吸附量上的差异,旨在反映农业开垦活动对表层土壤的影响。

2. 冻融作用对土壤中不同吸附形态的氨氮吸附量影响

现有的研究结果对冻融作用影响土壤吸附能力的原因解释较为模糊,相关的实验往往止于对实验现象的说明及对实验数据的分析,并未对产生这种结果的原因加以深入的探讨。本书的研究在初步探明冻融对氨氮吸附量影响的基础上,进一步从吸附形态上探讨了冻融对 NH_4^+-N 吸附过程的影响,通过分析不同吸附形态氨氮在冻融过程中吸附量的变化,结合对数据的方差分析和数学模型模拟,阐明了冻融对土壤吸附氨氮过程产生影响的可能机理。将室内模拟实验拟合的参数在产污函数上进行了初步的估算,旨在体现冻融过程为氨氮迁移量模拟结果带来的差异,为非点源污染相关模型在中高纬度地区的应用提供基础数据。

3. 灌溉用水中不同浓度 Fe^{2+} 对土壤吸附能力影响

研究区水环境中的亚铁离子含量偏高,加上农田以地下水灌溉为主,从而使土壤溶液中的亚铁离子浓度升高,并可能在土壤和土壤矿物的表面形成无定形氧化铁基团,与土壤溶液中的离子发生离子交换和络合等作用(王文成等,2007),增大土壤胶体的吸附能力。所以研究土壤溶液中不同亚铁离子浓度对氨氮吸附的影响有重要的意义。本书的研究通过室内实验分别模拟了研究区地表水和地下水的亚铁离子浓度,分析了不同亚铁离子浓度下水田土壤对氨氮吸附量的变化,绘制了吸附等温曲线,选用 Langmuir 吸附等温模型进行拟合,为研究灌溉用水中不同浓度 Fe^{2+} 影响下非点源污染形成提供理论依据。

1.4.2 农业活动胁迫下土壤氮素水平制约机制研究

从 20 世纪 50 年代开始,三江平原土地历经数次大规模高强度农业开发活动,对区域景观生态格局和环境质量变化影响巨大,其中农田土壤肥力严重下降,由耕作活动和施肥制度引发的土壤氮素流失是主要原因。本书的研究选取传统型发展模式的八五九农场,综合运用设计实验、遥感解译和统计分析方法,解析长期农业开发活动对氮素分布和迁移的影响,阐明农业活动的制约机制以及输运机理,揭示人类扰动下氮素在农业生态系统中的动态响应规律。具体研究内容有以下两个方面。

(1) 农业活动对土壤氮素水平的影响。关注季节性冻土农业区传统耕作模式对农田耕层土壤氮素的长期和短期影响。长期观测数据来源于 1965～1983 年的土壤普查历史记录,短期观测于 2005～2008 年实施。选取多种潜在关键因子并分析其对氮素水平的影响作用。所选因子有 4 类:气象条件因子(年均降水量、年均温度、无霜期)、地形因子(土壤类型、坡位)、作物管理(轮作制度、主要作物面积比、产量)以及耕作制度(施肥强度、开发时长)。应用一般线性模型(GLM)和单因素方差分析(ANOVA)等方法估算影响因子对氮素变化影响的程度并按照重要性排序。

(2) 土壤质地反映耕作活动对土壤氮素变化的影响。土壤质地影响土壤氮素在不同土层的分布,同时可以反映耕作对氮素固存和流失的影响。因为土壤形成过程同时受气候条件、母质状况、耕作历时、植被类型和凋落物种类等的影响,氮素变化与土壤质地的关系具有区域性的特点。本书的研究关注土壤质地与氮素水平在不同土层深度的关系。为揭示农业开垦的作用,采集了 14 个代表样点 0～60 cm 的土壤样品,每 10 cm 一层,植被类型包括原生林地、旱田和水田。样品于 2012 年 8 月采集,此时冻土已经完全融化。

1.4.3 无资料地区氮素污染负荷模型模拟研究

到目前为止,虽然在非点源污染定量化研究方面已经做了大量工作并有了一定进展,但是大部分是引进并改造国外已有的非点源污染模型,然而这些模型对资料的要求太高,且需要率定大量的参数,根据我国目前的现状,非点源污染试验与监测条件都达不到国外的先进水平,几乎没有系统的长系列非点源污染监测资料,从而限制了这些模型的应用并造成研究上的困难及计算结果的不精确、不可靠。鉴于此,本书的研究以三江平原八五九农场内阿布胶河小流域为研究区,对无资料流域的非点源污染进行研究,具体研究内容如下:

（1）建立模型空间数据库与属性数据库。建立研究区内的土地利用类型空间数据库和土壤类型空间数据库。根据已有研究基础及能够获得的资料进行研究计算，建立与空间数据库相对应的土地利用类型及土壤类型属性数据库。通过对气象数据的综合处理，得到模型需要的降雨及温度属性数据库。气象数据库采用八五九农场内 1965～2009 年的数据以及相邻的饶河县的数据。以 MODIS 陆地产品为主要数据源，对雪盖、叶面积指数、地表温度、NDVI 等在 IDL 平台进行插值和数值运算，达到适合于 RS-DTVGM 的数据要求。同时还要基于 LAI 推求植被盖度和根系深度；基于地表温度和辐射来推求蒸散发数据；基于流域信息系统工具生成子流域及其信息，最后运用 RS-DTVGM 和汇流模型得到流域出口处的径流量。

（2）阿布胶河流域农业非点源污染负荷分析。一般情况下，经过敏感性分析后，会用实测数据对模型进行校准及验证。本书将调整后由 RS-DTVGM 所得到的径流数据对 SWAT 模型的径流进行率定验证；而对于与泥沙相关的参数，借鉴宋开宇在挠力河所率定好的数据进行阿布胶河流域的非点源污染模拟。研究该地区污染物空间分布特征的影响因子是本模型建立的重要目的之一。本书主要就区域法和遥感反演法的结果从年际变化、年内变化和时空分布进行分析比较，进一步说明遥感反演法在研究非点源污染的适用性。同时也对阿布胶河流域的土壤侵蚀、氮磷负荷的分步进行分析，确定影响该流域的非点源污染的影响因素。

参 考 文 献

白娟. 2013. 三江平原分布式磷迁移模型构建及应用. 北京：北京师范大学硕士学位论文.

蔡明，李怀恩，庄咏涛. 2005. 估算流域非点源污染负荷的降雨量差值法. 西北农林科技大学学报（自然科学版），(4)：102-106.

柴晓玲. 2005. 无资料地区水文分析与计算研究. 武汉：武汉大学硕士学位论文.

柴晓玲，郭生练，彭定志，张洪刚. 2006. IHACRES 模型在无资料地区径流模拟中的应用研究. 水文，(2)：30-33.

陈家坊，高子勤. 1959. 中国某些红黄壤中吸收性铵的特性及其与土壤性质的关系. 土壤学报，11(7)：78-84.

陈友媛，惠二青，金春姬，邱汉学，吴德星. 2003. 非点源污染负荷的水文估算方法. 环境科学研究，(1)：10-13.

初元满，官明兰，艾巍，张楠，翟晓萍. 2008. 金属铁离子对农田土壤氮转化影响分析. 环境科学与管理，33(12)：60-64.

窦培谦，王晓燕. 2006. 非点源污染中氮磷迁移转化机理研究进展. 首都师范大学学报（自然科学版），27(2)：93-98.

杜琦. 2009. 季节性冻融期土壤入渗试验综述. 地下水，31(2)：14-16.

郝芳华，程红光，杨胜天. 2006. 非点源污染模型-理论方法与应用. 北京：中国环境科学出版社.

郝芳华，李春晖，赵彦伟，程红光. 2008. 流域水质模型与模拟. 北京：北京师范大学出版社.

何太蓉，杨达源，杨永兴. 2004. 三江平原泥炭沼泽土剖面 P、K 养分分布特征及影响因素分析. 农村生态环境，20(1)：29-33.

黄妮,刘殿伟,王宗明.2009.1954～2005 年三江平原自然湿地分布特征研究.湿地科学,7(1):33-39.

姜桂华.2004.氨氮在土壤中吸附性能探讨.长安大学学报(建筑与环境科学版),21(2):32-34,38.

赖力,黄贤金,王辉,董元华,肖思思.2009.中国化肥施用的环境成本估算.土壤学报,46(1):63-69.

李红霞.2009.无径流资料流域的水文预报研究.大连:大连理工大学博士学位论文.

李红霞,张新华,肖玉成,陈奕,罗吉忠,赵少华.2011.缺资料流域的非点源污染模拟研究.四川大学学报
　(工程科学版),(5):59-63.

李怀恩.2000.估算非点源污染负荷的平均浓度法及其应用.环境科学学报,(4):397-400.

梁威,刘凌,潘沛.2007.在土槽尺度下的硝态氮迁移模拟研究.湖泊科学,19(6):710-717.

梁新强,李华,陈英旭.2008.水田氮素径流-侧渗-下渗流失特征模拟.江苏大学学报(自然科学版),29(1):
　78-81.

刘家福,蒋卫国,占文凤,周纪.2010.SCS 模型及其研究进展.水土保持研究,(02):120-124.

刘侨博,刘薇,周瑶.2010.非点源污染影响分析及防治措施.环境科学与管理,35(6):106-110.

刘忠翰,彭江燕.2000.污水土地处理中水田氮素的迁移特征.土壤学报,37(3):428-432.

陆琦,马克明,卢涛,张洁瑜,倪红伟.2007.三江平原农田渠系中氮素的时空变化.环境科学,(7):
　1560-1566.

马艳梅.2009.长期不同耕作对白浆土磷素状况的影响.中国农学通报,25(11):98-101.

穆宏强.1992.SCS 模型在石桥铺流域的应用研究.水利学报,(10):79-83.

潘月鹏,阎百兴,张柏.2008.三江平原湿地开垦前后土壤溶液中 Fe^{2+} 的分布特征.农业环境科学学报,
　27(4):1582-1585.

朴河春,袁芷云,刘广深,洪叶汤.1998.非生物应力对土壤性质的影响.土壤肥料,(3):17-21.

史培军,袁艺,陈晋.2001.深圳市土地利用变化对流域径流的影响.生态学报,(7):1041-1049.

宋开宇.2011.挠力河流域农田演替及其农业非点源污染效应研究.北京:北京师范大学硕士学位论文.

孙大志,李绪谦,潘晓峰.2007.氨氮在土壤中的吸附解吸动力学行为的研究.环境科学与技术,30(8):
　16-18,111.

孙志高,刘景双.2007.三江平原典型小叶章湿地土壤氮素净矿化与硝化作用.应用生态学报,18(8):
　1771-1777.

王纲胜,夏军,谈戈,吕爱锋.2002.潮河流域时变增益分布式水循环模型研究.地理科学进展,21(6):
　573-582.

王建兵,程磊.2008.农业面源污染现状分析.江西农业大学学报,7(3):35-38.

王渺林,夏军,朱辉.2007.涪江流域分布式日径流模型研究.水资源研究,28(2):1-3.

王文成,吴德礼,马鲁铭.2007.天然铁基矿物修复土壤的机制.江苏环境科技,20(2):127-133.

王文娟,张树文,李颖,卜坤.2008.基于 GIS 和 USLE 的三江平原土壤侵蚀定量评价.干旱区资源与环境,
　22(9):112-117.

王晓燕,秦福来,欧洋,薛亦峰.2008.基于 SWAT 模型的流域非点源污染模拟——以密云水库北部流域为
　例.农业环境科学学报,27(3):1098-1105.

王兴菊,许士国,李文义.2008.扎龙湿地季节性冻土冻融规律及其生态水文功能研究.大连理工大学学报,
　48(6):897-903.

王旭东,蒋云钟,赵红莉,梁玉强.2004.分布式水文模拟模型在流域水资源管理中的应用.南水北调与水
　利科技,2(1):4-7.

伍华.2006.主要养分离子在不同质地土壤中的吸附-解吸及运移特性.北京:中国农业大学硕士学位论文.

夏军,王纲胜,吕爱锋,谈戈.2003.分布式时变增益流域水循环模拟.地理学报,58(5):789-796.

夏军,叶爱中,乔云峰,王纲胜.2007.黄河无定河流域分布式时变增益水文模型的应用研究.应用基础与工程科学学报,15(4):457-465.

谢学俭,冉炜,沈其荣.2003.淹水条件下水稻田中磷的淋溶研究.土壤通报,35(6):506-509.

熊毅.1979.胶体的组成及复合.土壤通报,(5):1-8.

胥彦玲,秦耀民,李怀恩,倪永明.2009.SWAT模型在陕西黑河流域非点源污染模拟中的应用.水土保持通报,29(4):114-117.

徐卫涛,张俊飚,李树明,孙笑男.2010.我国循环农业中的化肥施用与粮食生产脱钩研究.农业现代化研究,31(2):200-203.

徐义军,吴文勇.2008.再生水灌溉条件下典型土壤铵氮吸附解吸试验研究.灌溉排水学报,27(4):14-17,24.

闫学军,张伟.2004.地下水NH_4^+迁移模拟研究.地球与环境,32(3-4):45-48.

杨家坦.1999.无资料地区小流域设计径流若干技术问题.水文,(6):26-29.

杨鸣婵,曹波,张明.1999.无资料地区年、月径流系列移用方法探讨.黑龙江水利科技,(3):8-10.

叶爱中,夏军,乔云峰,王纲胜.2008.分布式小流域侵蚀模型及应用.应用基础与工程科学学报,16(3):328-340.

易顺民,唐辉明.1994.冻土粒度成分的分形结构特征及其意义.冰川冻土,16(4):314-319.

余香英,秦华鹏,黄跃飞.2010.基于IHACRES和GLUE的降雨径流过程模拟.中国给水排水,(3):57-61.

虞锁富,陈家坊.1982.土壤从NH_4^+-N~Ca^{2+}二元溶液中吸附铵的初步研究.土壤学报,19(3):248-256.

曾希柏,李菊梅.2004.中国不同地区化肥施用及其对粮食生产的影响.中国农业科学,37(3):387-392.

詹道江,叶守泽.2000.工程水文学.北京:中国水利水电出版社.

张建云,何惠.1998.应用地理信息进行无资料地区流域水文模拟研究.水科学进展,(04):34-39.

张静.2006.鄱阳湖南矶山湿地土壤对磷的吸附与释放特性的研究.南昌:南昌大学硕士学位论文.

张新华,李红霞,肖玉成,陈奕.2011.缺资料流域水污染物总量分配方法研究.中国水利水电科学研究院学报,9(2):136-142.

张秀英,孟飞,丁宁.2003.SCS模型在干旱半干旱区小流域径流估算中的应用.水土保持研究,(4):172-174.

赵光影,刘景双,张雪萍,王洋.2011.CO_2浓度升高对三江平原湿地小叶章碳氮含量的影响.水土保持通报,1(33):87-91.

郑琦宏,张殿发,宣亮.2006.冻融条件下封闭体系中土壤水分运移规律模拟研究.宁波大学学报(理工版),19(1):81-84.

职锦,郭太龙,廖义善,卓慕宁.2010.非点源污染对人类健康影响的研究进展.生态环境学报,19(6):1459-1464.

周根娣,梁新强,田光明.2006.田埂宽度对水田无机氮磷侧渗流失的影响.上海农业学报,22(2):68-70.

周全来,赵牧秋,鲁彩艳,史奕,陈欣.2006.磷在稻田土壤中的淋溶和迁移模拟研究.土壤,38(6):734-739.

周旺明,王金达,刘景双.2008.冻融对湿地土壤可溶性碳、氮和氮矿化的影响.生态与农村环境学报,24(3):1-6.

朱建文.2005.苏北地区农业非点源氮磷污染对水体的影响研究.干旱环境监测,19(1):59-61.

朱伟峰,刘永吉,马永胜.2009a.天然湿地对三江平原蛤蟆通河流域农业非点源污染净化效果研究.东北农业大学学报,(5):58-61.

朱伟峰,文春玉,马永胜.2009b.基于GIS的三江平原蛤蟆通河流域农业非点源污染模拟研究.东北农业大学学报，(6)：30-35.

朱兆良，文启孝. 1992. 中国土壤氮素. 南京：江苏科学技术出版社.

Agrawal G D, Lunkad S K, Malkhed T. 1999. Diffuse agricultural nitrate pollution of groundwater in India. Water Science Technology, 39 (3)：67-75.

Arabi M, Govindaraju R S, Hantush M M, Bernard A E. 2006. Role of watershed subdivision on modeling the effectiveness of best management practices with SWAT1. Journal of the American Water Resources Association, 42(2)：513-528.

Arnold J G, Allen P M. 1996. Estimating hydrologic budgets for three Illinois watersheds. Journal of Hydrology, 176(1-4)：57-77.

Arnold J G, Srinivasan R, Muttiah R S, Williams J R. 1998. Large area hydrologic modeling and assessment part I：model development. Journal of the American Water Resources Association, 34(1)：73-89.

Arnold J G, Srinivasan R, Ramanarayanan T S, DiLuzio M. Water resources of the Texas gulf basin. Water Science and Technology, 1999, 39(3)：121-133.

Bingner R L. 1996. Runoff simulated from Goodwin Creek watershed using SWAT. Transactions of the ASAE, 39(1)：85-90.

Borggaard O K, Jdrgensen S S, Moberg J P, Raben-Lange B. 1990. Influence of organic matter on phosphate adsorption by aluminium and iron oxides in sandy soils. Journal of Soil Science, 41(3)：443-449.

Borggaard O K. 1983. The influence of iron oxides on phosphate adsorption by soil. Journal of Soil Science, 34(2)：333-341.

Bracmort K S, Arabi M, Frankenberger J R, Engel B A, Arnold J G. 2006. Modeling long-term water quality impact of structural BMPs. Forest, 5：8-9.

Brezonik P L, Stadelmann T H. 2002. Analysis and predictive models of stormwater runoff volumes, loads, and pollutant concentrations from watersheds in the Twin Cities metropolitan area, Minnesota, USA. Water Research, 36：1743-1757.

Cao W, Hong H, Yue S, Ding Y, Zhang Y. 2003. Nutrient loss from an agricultural catchment and landscape modeling in southeast China. Bulletin of Environmental Contamination and Toxicology, 71：761-767.

Cerucci M, Conrad J M. 2003. The use of binary optimization and hydrologic models to form riparian buffers1. Journal of the American Water Resources Association, 39(5)：1167-1180.

Chae G T, Kim K, Yun S T, Kim K H, Kim S O, Choi B Y, Kim H S, Rhee C W. 2004. Hydrogeochemistry of alluvial groundwater in an agricultural area：an implication for groundwater contamination susceptibility. Chemosphere, 55：369-378.

Chao T T, Harward M E, Fang S C. 1964. Iron or aluminum coatings in relation to sulfate adsorption characteristics of soils. Soil Science Society of America Journal, 28(5)：632-635.

Chaplot V, Saleh A, Jaynes D B, Arnold J. 2004. Predicting water, sediment and NO_3-N loads under scenarios of land-use and management practices in a flat watershed. Water, Air, & Soil Pollution, 154(1)：271-293.

Christensen S, Christensen B T. 1991. Organic matter available for denitrification in different soil fractions：effects of freeze/thaw cycles and straw disposal. Journal of Soil Science, 42：637-647.

Chu T W, Shirmohammadi A. 2004. Evaluation of the SWAT model's hydrology component in the Piedmont physiographic region of Maryland. Transactions of the ASAE, 47(4)：1057-1073.

Conant R T, Paustian K, Elliott E T. 2001. Grassland management and conversion into grassland: effects on soil carbon. Ecological Applications, 11(2): 343-355.

Cooper R, Thoss V, Watson H. 2007. Factors influencing the release of dissolved organic carbon and dissolved forms of nitrogen from a small upland headwater during autumn runoff events. Hydrological Processes, 21: 622-633.

DeLuca T H, Keeney D R, McCarty G W. 1992. Effect of freeze-thaw events on mineralization of soil nitrogen. Biology and Fertility of Soils, 14: 116-120.

Easterling D R, Meehl G A, Parmesan C, Changnon S A, Karl T R, Mearns L O. 2000. Climate extremes: observations, modelling, and impacts. Science, 289: 2068-2074.

Eaton J M, McGoff N M, Byrne K A, Leahy P, Kiely G. 2008. Land cover change and soil organic carbon stocks in the Republic of Ireland 1851-2000. Climate Change, 91: 317-334.

Edwards L M. 1991. The effect of alternate freezing and thawing on aggregate stability and aggregate size distribution of some prince Edward Island soil. Journal of Soil Science, 21: 193-204.

Elliott A C, Henry H A L. 2009. Freeze-thaw cycle amplitude and freezing rate effects on extractable nitrogen in a temperate old field soil. Biology and Fertility of Soils, 45: 469-476.

Esala M J. 1995. Changes in the extractable ammonium-and nitrate-nitrogen contents of soil samples during freezing and thawing. Communications in Soil Science and Plant Analysis, 26: 61-68.

Ferrick M, Gatto L W. 2005. Quantifying the effect of a freeze-thaw cycle on soil erosion: Laboratory experiments. Earth Surface Processes and Landforms, 30: 1305-1326.

Fitzhugh R D, Driscoll C T, Groffman P M, Tierney G L, Fahey T J, Hardy J P. 2001. Effects of soil freezing, disturbance on soil solution nitrogen, phosphorus, and carbon chemistry in a northern hardwood ecosystem. Biogeochemistry, 56: 215-238.

Freppaz M, Williams B L. 2007. Simulating soil freeze/thaw cycles typical of winter alpine conditions: implications for N and P availability. Applied Soil Ecology, 35: 247-255.

Glaser B, Lehmann J, Führböter M, Solomon D, Zech W. 2001. Carbon and nitrogen mineralization in cultivated and natural savanna soils of Northern Tanzania. Biology and Fertility of Soils, 33: 301-309.

Grandy A S, Robertson G P. 2007. Land-use intensity effects on soil organic carbon accumulation rates and mechanisms. Ecosystems, 10(1): 59-74.

Grenon F, Bradley R L, Titus B D. 2004. Temperature sensitivity of mineral N transformation rates, and heterotrophic nitrification: possible factors controlling the post-disturbance mineral N flush in forest floors. Soil Biology and Biochemistry, 36: 1465-1474.

Grogan P, Michelsen A, Ambus P, Jonasson S. 2004. Freeze-thaw regime effects on carbon and nitrogen dynamics in sub-arctic heath tundra mesocosms. Soil Biology and Biochemistry, 36: 641-654.

Han J, Li Z, Li P, Tian J. 2010. Nitrogen and phosphorous concentrations in runoff from a purple soil in an agricultural watershed. Agricultural Water Management, 97: 757-762.

Heng H H, Nikolaidis N P. 1998. Modeling of nonpoint source pollution of nitrogen at the watershed scale. Journal of the American Water Resources Association, 34(2): 359-374.

Henry H A L. 2007. Soil freeze-thaw cycle experiments: trends, methodological weaknesses and suggested improvements. Soil Biology and Biochemistry, 39: 977-986.

Henry H A L. 2008. Climate change and soil freezing dynamics: historical trends and projected changes. Climatic Change, 87: 421-434.

Herrmann A, Witter E. 2002. Sources of C and N contributing to the flush in mineralization upon freeze-thaw cycles in soils. Soil Biology and Biochemistry, 34: 1495-1505.

Hollinger E, Cornish P S, Baginska B, Mann R, Kuczera G. 2001. Farm-scale stormwater losses of sediment and nutrients from a market garden near Sydney, Australia. Agricultural Water Management, 47(3): 227-241.

Hou L J, Liu M, Jiang H Y, Xu S Y, Ou D N, Liu Q M, Zhang B L. 2003. Ammonium adsorption by tidal flat surface sediments from the Yangtze Estuary. Environmental Geology, 45: 72-78.

Houghton R, Hackler J, Lawrence K. 1999. The US carbon budget: contributions from land-use change. Science, 285: 574.

Hsu P H. 1963. Adsorption of phosphate by aluminum and iron in soils. Soil Science Society of America Journal, 28(4): 474-478.

Idol T W, Pope P E, Ponder F. 2002. Changes in microbial nitrogen across a 100-year chronosequence of upland hardwood forests. Soil Science Society of America Journal, 66(5): 1662-1668.

IPCC. 2007. Summary for policymakers.//Solomon S, Qin D, Manning M, Chen Z, Marquis M, Averyt K B, Tignor M, Miller H L. Climate Change 2007: the physical science basis. Contribution of working group I to the fourth assessment report of the intergovernmental panel on climate change. Cambridge: Cambridge University Press.

Jana E C, Richard D B. 2002. Soil nitrogen transformations and the role of light fraction organic matter in forest soils. Soil Biology and Biochemistry, 34(7): 933-943.

Jia H, Lei A, Lei J, Ye M, Zhao J. 2007. Effects of hydrological processes on nitrogen loss in purple soil. Agricultural Water Management, 89: 89-97.

Johnes P J. 1996. Evaluation and management of the impact of land use change on the nitrogen and phosphorus load delivered to surface waters: the export coefficient modelling approach. Journal of Hydrology, 183(3-4): 323-349.

Joseph G, Henry H A L. 2008. Soil nitrogen leaching losses in response to freeze-thaw cycles and pulsed warming in a temperate old field. Soil Biology and Biochemistry, 40: 1947-1953.

Kalbasi M, Racz G J, Loewen L A. 1978. Mechanism of zinc adsorption by iron and aluminum oxides. Soil Science, 125(3): 129-192.

Kinniburgh D G, Syers J K, Jackson M L. 1974. Specific adsorption of trace amounts of calcium and strontium by hydrous oxides of iron and aluminum. Soil Science Society of America Journal, 39(3): 464-470.

Kreyling J, Beierkuhnlein C, Jentsch A. 2010. Effects of soil freeze-thaw cycles differ between experimental plant communities. Basic and Applied Ecology, 11: 65-75.

Lehrsch G A. 1998. Freeze-thaw cycles increase near-surface aggregate stability. Soil Science, 163: 63-70.

Leu C, Singer H, Stamm C, Müller S R, Schwarzenbach R P. 2004. Variability of herbicide losses from fields to surface water within a small catchment after a controlled herbicide application. Environmental Science and Technology, 38: 3835-3841.

Liu G C, Lin S Y, Liu S Z. 2002. Characteristics of runoff generation and its numerical simulation of surface flow in hilly area with purple soil under conventional tillage systems. Journal of Hydraulic Engineering, 12: 101-108.

Maehlum T, Jenssen P D, Warner W S. 1995. Cold-climate constructed wetlands. Water Science and Technology, 32(3): 95-101.

Magesan G N, McLay C D A, Lal V V. 1998a. Nitrate leaching from a free-draining volcanic soil irrigated with municipal sewage effluent in New Zealand. Agriculture, Ecosystems & Environment, 70(2-3): 181-187.

Magesan G N, McLay C, Vijendra L. 1998b. Nitrate leaching from a municipal sewage irrigated soil in New Zealand. Water Quality and Its Management. Proceedings First International Specialized Conference. 31-337.

Mahe G, Paturel J, Servat E, Conway D, Dezetter A. 2005. The impact of land use change on soil water holding capacity and river flow modelling in the Nakambe River, Burkina-Faso. Journal of Hydrology, 300(1-4): 33-43.

Malhi S S, Nyborg M. 1986. Increase in mineral N in soils during winter and loss of mineral N during early spring in north-central Alberta. Canadian Journal of Soil Science, 66(3): 397-409.

Mellander P E, Laudon H, Bishop K. 2005. Modelling variability of snow depths and soil temperatures in Scots pine stands. Agricultural and Forest Meteorology, 133: 109-118.

Moreira C S, Casagrande J C, Alleoni L R F, de Camargo O A, Berton R S. 2008. Nickel adsorption in two Oxisols and an Alfisol as affected by pH, nature of the electrolyte, and ionic strength of soil solution. Soils Sediments, 8: 442-451.

Oztas T, Fayetorbay F. 2003. Effect of freezing and thawing processes on soil aggregate stability. Catena, 52: 1-8.

Patra A K, Abbadie L, Clays-Josserand A, Degrange V, Grayston S J, Guillaumaud N, Loiseau P, Louault F, Mahmood S, Nazaret S, Philippot L, Poly F, Prosser J I. 2006. Effects of management regime and plant species on the enzyme activity and genetic structure of N-fixing, denitrifying and nitrifying bacterial communities in grassland soils. Environmental Microbiology, 8(6): 1005-1016.

Peterson E W, Davis R K, Brahana J V, Orndorff H A. 2002. Movement of nitrate through regolith covered karst terrane, northwest Arkansas. Journal of Hydrology, 256: 35-47.

Petry J, Soulsby C, Malcolm I A, Youngson A F. 2002. Hydrological controls on nutrient concentrations and fluxes in agricultural catchments. Science and Total Environment, 294: 95-110.

Post D A, Jakeman A J. 1996. Relationships between catchment attributes and hydrological response characteristics in small Australian mountain ash catchments. Hydrological Processes, 10(6): 877-892.

Powers J S. 2004. Changes in soil carbon and nitrogen after contrasting land-use transitions in northeastern Costa Rica. Ecosystems, 7: 134-146.

Puget P, Lal R. 2005. Soil organic carbon and nitrogen in a Mollisol in central Ohio as affected by tillage and land use. Soil and Tillage Research, 80(1-2): 201-213

Ramos M C, Martínez J A. 2004. Nutrient losses from a vineyard soil in Northeastern Spain caused by an extraordinary rainfall event. Catena, 55: 79-90.

Roger L P, Roger S C S. 1977. The mechanism of sulfate adsorption on iron oxides. Soil Science Society of America Journal, 42(1): 48-50.

Ronvaz M D, Edwards A C, Shand C A, Cresser M S. 1994. Changes in the chemistry of soil solution and acetic-acid extractable P following different types of freeze/thaw episodes. Europin Journal of Soil Science, 45(3): 353-359.

Rosenfeld J K. 1979. Amino acid diagenesis and adsorption in nearshore anoxic sediments. Limnology and Oceanography, 24(6): 1014-1021.

Rosenthal W D, Hoffman D W. 1999. Hydrologic modeling/GIS as an aid in locating monitoring sites. Transactions of the ASAE, 42(6): 1591-1598.

Schaffner M, Bader H P, Scheidegger R. 2009. Modeling the contribution of point sources and non-point sources to Thachin River water pollution. Science of the Total Environment, 407: 4902-4915.

Schimel J P, Clein J S. 1996. Microbial response to freeze-thaw cycles in tundra and taiga soils. Soil Biology and Biochemistry, 28: 1061-1066.

Shanl E, Chalmers A. 1999. The effect of frozen soil on snowmelt runoff at Sleepers River, Vermont. Hydrology Proceedings, 13: 1843-1858.

Shuman L M. 1988. Effect of removal of organic matter and iron-or manganese-oxides on Zinc absorption by soil. Soil Science Society of America Journal, 146(4): 215-295.

Silva R G, Holub S M, Jorgensen E E, Ashanuzzaman A N M. 2005. Indicators of nitrate leaching loss under different land use of clayey and sandy soils in southeastern Oklahoma. Agriculture, Ecosystems & Environment, 109: 346-359.

Six J, Bossuyt H, Degryze S, Denef K. 2004. A history of research on the link between (micro) aggregates, soil biota, and soil organic matter dynamics. Soil and Tillage Research, 79: 7-31.

Smith K A, Jackson D R, Pepper T J. 2001. Nutrient losses by surface run-off following the application of organic manures to arable land. 1. Nitrogen. Environmental Pollution, 112(1): 41-51.

Smolander A, Loponen J, Suominen K, Kitunen V. 2005. Organic matter characteristics and C and N transformations in the humus layer under two tree species, Betula pendula and Picea abies. Soil Biology and Biochemistry, 37: 1309-1318.

Sodhi G, Beri V, Benbi D. 2009. Soil aggregation and distribution of carbon and nitrogen in different fractions under long-term application of compost in rice-wheat system. Soil and Tillage Research, 103: 412-418.

Spaan W P, Sikkingb A F S, Hoogmoedc W B. 2005. Vegetation barrier and tillage effects on runoff and sediment in an alley crop system on a Luvisol in Burkina Faso. Soil and Tillage Research, 83(2): 194-203.

Stewart G R, Munster C L, Vietor D M, Arnold J G, McFarland A M S, White R, Provin T. 2006. Simulating water quality improvements in the upper North Bosque River watershed due to phosphorus export through turfgrass sod. Transactions of the ASABE, 49(2): 357-366.

Sulkava P, Huhta V. 2003. Effects of hard frost and freeze-thaw cycles on decomposer communities and N mineralisation in boreal forest soil. Applied Soil Ecology, 22: 225-239.

Tan C S, Drury C F, Reynolds W D, Groenevelt P H, Dadfar H. 2002. Water and nitrate loss through tiles under a clay loam soil in Ontario after 42 years of consistent fertilization and crop rotation. Agriculture, Ecosystems & Environment, 93: 121-130.

Templer P, Findlay S, Lovett G. 2003. Soil microbial biomass and nitrogen transformations among five tree species of the Catskill Mountains, New York, USA. Soil Biology and Biochemistry, 35(4): 607-613.

Tim U S, Jolly R. 1994. Evaluating agricultural nonpoint-source pollution using integrated geographic information systems and hydrologic/water quality model. Journal of Environmental Quality, 23(1): 25-35.

Udawatta R P, Motavalli P P, Garrett H E, Krstansky J J. 2006. Nitrogen losses in runoff from three adjacent agricultural watersheds with claypan soils. Agriculture, Ecosystems & Environment, 117: 39-48.

Ugurlu M, Karaoglu M H. 2011. Adsorption of ammonium from an aqueous solution by fly ash land sepiolite: Isotherm, kinetic and thermodynamic analysis. Microporous and Mesoporous Materials, 139(1-3):

173-178.

Veith T L, Sharpley A N, Weld J L, Gburek W J. 2005. Comparison of measured and simulated phosphorus losses with indexed site vulnerability. Transactions of the ASAE, 48(2): 557-565.

Wilson C, Weng Q H. 2010. Assessing surface water quality and its relation with urban land cover changes in the Lake Calumet Area, Greater Chicago. Environmental Management, 45: 1096-1111.

Yang J L, Zhang G L, Shi X Z, Wang H J, Cao Z H, Ritsema C J. 2009. Dynamic changes of nitrogen and phosphorus losses in ephemeral runoff processes by typical storm events in Sichuan Basin, Southwest China. Soil and Tillage Research, 105: 292-299.

Yang J L, Zhang G L, Zhao Y G. 2007. Land use impact on nitrogen discharge by stream: a case study in subtropical hilly region of China. Nutrient Cycling in Agroecosystems, 77: 29-38.

Yimer F, Ledin S, Abdelkadir A. 2007. Changes in soil organic carbon and total nitrogen contents in three adjacent land use types in the Bale Mountains, south-eastern highlands of Ethiopia. Forest Ecology and Management, 242: 337-342.

Yu X F, Zhang Y X, Zhao H M, Lu X G, Wang G P. 2010. Freeze-thaw effects on sorption/desorption of dissolved organic carbon in wetland soils. China Geography Science, 20: 209-217.

Yulianti J S, Lence B J. 1999. Non-point source water quality management under input information uncertainty. Journal of Environmental Management, 55: 199-217.

Zhang G P. 2003. Time series forecasting using a hybrid ARIMA and neural network model. Neurocomputing, 50: 159-175.

第 2 章　冻融循环对氮素水土界面过程影响研究

2.1　界面过程特性研究理论基础

吸附是指物质(主要是固体物质)表面吸住周围介质(液体或气体)中的分子或离子现象(张一平,2010)。常将被吸附的物质称为吸附质,表面多孔或比表面积较大的物质一般能有效地进行吸附,称为吸附剂。土壤固相孔隙较多,成分复杂,是良好的吸附剂,其吸附特性对养分的保蓄和土壤污染的形成都有重要的作用。

2.1.1　土壤的吸附机理

由于土壤胶体表面带有电荷,因而对土壤溶液中的某种离子产生吸附作用,使土壤固相和土壤溶液分别带有不同的电荷,在固液界面上形成离子分布浓度差,这种差异决定了土壤胶体表面的很多性质。对于这种浓度差,学者们提出了许多模型来加以解释。

1. Helmholtz 模型

Helmholtz 模型提出在土壤胶体表面和土壤溶液之间存在一个薄液层,其中的阴阳离子呈平衡的状态,并构成平行的两层,故这个模型也称为平板模型。模型示意图如图 2-1 所示。

2. 扩散双电层模型

在 Helmholtz 模型提出的薄液层基础上,Gouy 和 Chapman 将阴阳离子受库仑力影响后分布的浓度梯度加入考虑,提出与固体表面吸附离子电荷相反的离子在溶液中的分布可以分为紧密层和扩散层,形成了扩散双电层模型。模型示意图如图 2-2 所示。

3. Stern 双电层模型

在扩散双电层的基础上,Stern 将吸附于紧密层中的离子称为特性离子,紧密层(Stern 层)相当于 Langmuir 等温模型中假设的单分子吸附层,其中的电势变化与平板模型相同。模型示意图如图 2-3 所示。

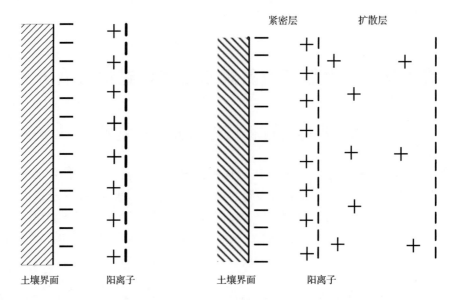

图 2-1　Helmholtz 模型示意图　　　　　　图 2-2　扩散双电层模型示意图

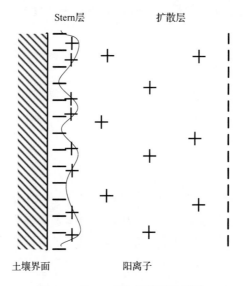

图 2-3　Stern 双电层模型示意图

　　根据土壤对离子的吸附机理,可以将吸附过程分为专性吸附和非专性吸附,专性吸附发生在双电层内的 Helmholtz 层,离子通过与固相表面的特定位置或固相表面的基团形成化学键。发生专性吸附的离子是非交换的。而发生非专性吸附的离子是受到胶体表面电荷的静电力,在静电力和热运动的平衡下保持在胶体双电层的外层。这种吸附是可逆、可当量置换的。

根据吸附质和吸附剂间的作用力,可以将吸附过程分为物理吸附和化学吸附两种。物理吸附发生时,吸附质与吸附剂之间的作用力主要是范德华力,吸附剂对吸附质没有选择性,也不会改变二者的组成;相比之下,化学吸附需要更高的反应热来生成化学键,并且对吸附质有选择性。但在实际的吸附过程中,这两种吸附往往是同时发生的,很难进行明确的区分。不过也有学者(曹志洪和李庆逵,1988)将吸附等温线斜率较陡的前两个区域所发生的吸附过程统称为化学吸附。如图 2-4所示。

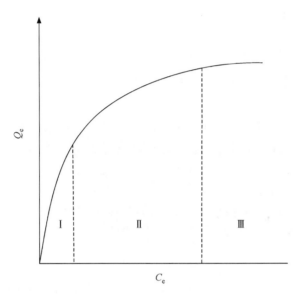

图 2-4　Langmuir 等温曲线区域的划分

2.1.2　土壤吸附过程的模拟

对土壤的静态吸附过程模拟常采用吸附等温模型,通过模型拟合出的曲线为吸附等温线,它表征了一定温度下达到吸附的动态平衡时,吸附质的平衡浓度和被吸附量的关系。常见的吸附等温模型包括线性(Henry)等温模型、Freundlich 等温模型和 Langmuir 等温模型等。

1. Henry 等温模型

Henry 等温模型为过原点的直线,线性的吸附等温方程说明该温度下的吸附强度与土壤溶液中吸附质浓度无关,土壤固相和土壤溶液中的物质恒定分配。表达式如下:

$$Q_e = kC_e \tag{2-1}$$

式中，Q_e 为平衡吸附量；C_e 为平衡浓度；k 值由拟合结果得出，可表征土壤的吸附容量。Henry 吸附等温线表征的吸附过程远未达到饱和吸附量，因而更适用于拟合吸附质浓度较低或吸附过程中有新的吸附表面积生成的过程。

在对土壤吸附过程的模拟中还常采用 Henry 等温模型的变形——线性方程来拟合吸附过程，表达式如下：

$$Q_e = kC_e + b \tag{2-2}$$

在土壤的吸附实验中，吸附质在土壤中本来就含有一定的本底值，当外源添加的吸附质量为 0 时，土壤会发生相应的解吸过程，此时拟合出的等温线在平衡浓度 $C_e = 0$ 时，$Q_e < 0$，这时就需要用常数 b 来进行修正。

2. Freundlich 等温模型

Freundlich 等温模型是一个半经验公式，表达式如下：

$$Q_e = kC_e^{\frac{1}{n}} \tag{2-3}$$

式中，Q_e 为平衡吸附量；C_e 为平衡浓度；k、n 值由拟合结果得出，其中 k 值与土壤的吸附容量成正比，而 n 则与吸附强度相关。多数情况下拟合出的 n 值都接近 1，而当 $n = 1$ 时，Freundlich 方程即变为 Henry 方程。Freundlich 等温线仍然没有饱和吸附量，但相比 Henry 等温线已经出现了斜率变小的趋势，且实际运用中该方程在溶液浓度较高时不易被很好地拟合（傅献彩等，2006），因而更适用于与中等浓度吸附过程。为方便拟合，该公式常变形为线性：

$$\ln Q_e = \ln k + \frac{1}{n}\ln C_e \tag{2-4}$$

3. Langmuir 等温模型

Langmuir 等温模型是理想的吸附模型，它假设吸附是单分子层的，吸附表面各点位的吸附能相同。表达式如下：

$$Q_e = \frac{Q_m K C_e}{1 + K} \tag{2-5}$$

式中，Q_e 为平衡吸附量；C_e 为平衡浓度，根据拟合结果可求出 Q_m 和 K 值，Q_m 是土壤在该温度下对该溶质的最大吸附量，K 则表征吸附强度。Langmuir 等温模型拟合出的曲线起始斜率不随溶液浓度而改变，而在浓度增大到一定值后斜率逐渐减小，这反映了土壤对溶质的相对亲和力和有效吸附点位的综合作用（张一平，2010）。Langmuir 等温曲线已出现饱和吸附量，因而适用于模拟吸附质浓度较高的吸附过程。

虽然 Langmuir 方程假设了发生的吸附为单分子层吸附，但在实际运用中，有些能被很好拟合地吸附过程也并不是单分子层的（傅献彩等，2006）。为方便拟合，常将该公式变形为线性：

$$\frac{C_e}{Q_e} = \frac{1}{Q_m K} + \frac{1}{Q_m} C_e \tag{2-6}$$

2.2　实验材料与方法

2.2.1　主要试剂与仪器

试剂：氯化铵、氯化钾、盐酸、氢氧化钠、酒石酸钾钠为分析纯，购自北京化工厂；次氯酸钠、二氯甲烷为分析纯，购自天津市赢达稀贵化学试剂厂；水杨酸为分析纯，购自广东汕头市西陇化工厂；亚硝基铁氰化钠为分析纯，购自天津市大茂化学试剂厂。

仪器：电子天平（德国）；Finnpipette 移液枪（美国）；Varian Cary 50 Probe 紫外可见分光光度计（美国）；Sartorius PB-10 酸度计（德国）；LD5-2A 型高速离心机（飞鸽离心机厂）；TSQ-280 型全温振荡培养箱（上海精宏仪器公司）；KS-300E 型超声清洗机（宁波科生仪器厂）；101AB-2 型电热鼓风干燥箱（上海申光仪器仪表有限公司）。

2.2.2　冻融作用下湿地表层土吸附能力实验

基于室内模拟实验观察冻融作用下湿地表层土对氨氮吸附量的改变，并通过吸附等温线的拟合及固液分配系数的分析，宏观地表现冻融作用对土壤肥力的影响。

1. 样品采集与分析

土样取自乌苏里江自然保护区内（$47°40.359'$N；$134°8.844'$E）湿地 $0\sim10$ cm 表层，土壤类型为沼泽土，质地为黏土，主要的矿物成分为水云母和蒙脱石。土样剔除草根及杂物后，风干碾碎并过 2 mm 筛，保存于密封袋中。土壤的 pH、SOM（有机质）、TN（总氮）、AP（有效磷）、阳离子交换容量（CEC）等理化性质参数的测定方法参照《土壤理化分析与剖面描述》。分析结果见表 2-1。

表 2-1　土壤样品的主要理化性质

pH	SOM/%	TN/(mg/kg)	AP/(mg/kg)	CEC/(cmol/kg)
5.64	32.9	2103	743.6	59.45

2. 实验步骤

分别称取风干过筛后的湿地土壤 20 g 各 6 份，置于密封袋中，根据现场监测数据,按 43% 的含水率加入不同浓度的外源氨氮(含 NH$_4$Cl 0、30 mg N/L、60 mg N/L、100 mg N/L、150 mg N/L、200 mg N/L)溶液,在密封袋中充分混匀,并加入 6 滴氯仿以消除微生物影响。密封后于 5 ℃恒温箱放置 2 d,使溶液在土壤中均匀分布。

在−5 ℃冻结 12 h 之后,在 5 ℃融化 12 h 为一个冻融周期,土壤在经过 1、2、3、4、5 次冻融后,分别称取 4.3 g 土样(对应约 3 g 风干土样)于离心管,加入 30 ml 0.01mol/L KCl 溶液振荡 1 h,此时溶液对应的实际氨氮初始浓度修正为:0、8.6 mg N/L、17.2 mg N/L、28.67 mg N/L、43 mg N/L、57.3 mg N/L,以模拟不同实际施肥量下氨氮的吸附过程。过滤取 1 ml 滤液,测定其中氨氮浓度,每份样品均设不经冻融的对照样。实验具体步骤见图 2-5。

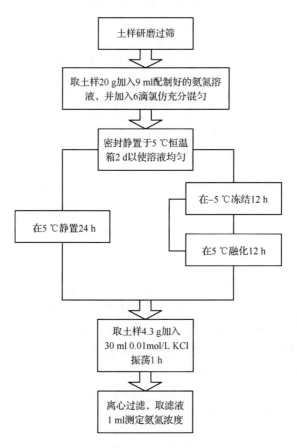

图 2-5　氨氮吸附规律分析实验流程

3. 分析方法

氨氮的测定采用水杨酸分光光度法(参见 GB 7481—87)。选用 0、0.1 mg/L、0.2 mg/L、0.4 mg/L、0.6 mg/L、0.8 mg/L 作为 NH_4^+-N 的标准浓度,并根据标准溶液绘制氨氮标准曲线,如图 2-6 所示。

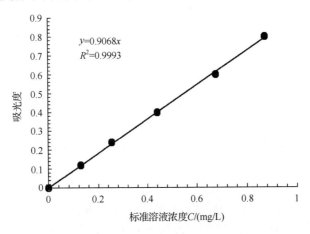

图 2-6　NH_4^+-N 测定标准曲线

2.2.3　冻融作用对旱地表层土中不同吸附形态氨氮影响实验

土壤中无机胶体的—OH 键具有极性,能够和阳离子产生范德华力为作用力的物理吸附。发生物理吸附时,吸附剂对吸附质没有选择性,也不会改变二者的组成,吸附质易于从固相解吸。除此之外,土壤矿物表面由于具有带负电的吸附点位,故能通过离子交换的方式将阳离子吸附于土壤固相,且吸附点位的数量与土壤黏土矿物的晶格结构和同晶置换量密切相关。陈家坊和高子勤(1959)提出以离子交换形式吸附于土壤表面的离子可能与土壤矿物晶格结构有关,在经过高温灼烧破坏土壤晶格结构后,这部分离子的吸附量有了显著的减少。因而通过观测以离子交换形式吸附的阳离子的变化量可以进一步探究冻融作用对土壤矿物表面吸附点位的改变。

本节将基于冻融作用下旱地表层土中不同吸附形态氨氮量的测定,通过等温线的拟合及固液分配系数的分析,讨论不同吸附形态氨氮量之间的差异,并进一步分析冻融影响土壤吸附能力的机理。

1. 样品采集与分析

样品于 2010 年 5 月采自农场内某旱地(47°47.072′N;134°15.048′E)表层

(0～10 cm),其上种植玉米。土壤类型为草甸白浆土,基底为黏土,主要矿物成分为水云母。土样剔除草根及杂物,经风干碾碎后过 2 mm 筛,装入密封袋中备用。土壤的 pH、总磷(TP)、CEC、溶解态有机氮(DON)、总有机碳(TOC)、水解氮(VN)、有机质(SOM)等理化性质参数的测定方法参照《土壤理化分析与剖面描述》。分析结果见表 2-2。

表 2-2 土壤样品的主要理化性质

pH	TP/(g/kg)	CEC/(cmol/kg)	DON/(mg/kg)	TOC/(g/kg)	VN/(mg/kg)	SOM/%
5.76	1.44	22.4	87.9	25.3	406	10

2. 实验步骤

称取 6 份预处理后的土壤 20 g,参照冬季旱地的表层土壤的水分监测数据,按 25% 的含水率加入不同浓度(0、30 mg N/L、60 mg N/L、100 mg N/L、150 mg N/L、200 mg N/L)的 NH_4Cl 溶液,在与风干土样充分混匀后装入密封袋,并加入氯仿消除微生物影响。混匀后的土样密封放置 2 d,使溶液在土壤中均匀分布。

在以往对冻融的模拟实验中,对冻结温度的设定常以空气温度为参照,但实际上土壤表层发生冻结时的温度常比当时的空气温度高 5～10 ℃(Henry,2007;Joseph and Henry,2008)。现场架设的 ZENO 气象站对表层土温监测数据显示,在发生季节性冻融期间,土壤表层土温在 -5～5 ℃ 之间,故实验设计在 -5 ℃ 冻结 12 h,5 ℃ 融化 12 h 为一个冻融周期,土壤经过 1、2、3、4、5 次冻融后,分别称 3.75 g (鲜重)土壤样品,用 15 ml 0.01mol/L KCl 溶液和去离子水浸提,测定其中铵根离子浓度,每份样品均设不经冻融的对照样。实验的具体步骤如图 2-7 所示。

3. 分析方法

铵根离子的测定采用水杨酸分光光度法(参见 GB 7481—87)。

2.2.4 数据统计与分析

1. 数据计算

溶液中剩余 NH_4^+-N 量(C_N)计算公式如下:

$$C_N = \frac{(A_r - A_0) \times k}{V} \tag{2-7}$$

式中, A_r 为实验溶液吸光度, A_0 为空白溶液吸光度, k 为标准曲线斜率, V 为试样体积。

土壤对 NH_4^+-N 吸附量(Q_e)计算公式如下:

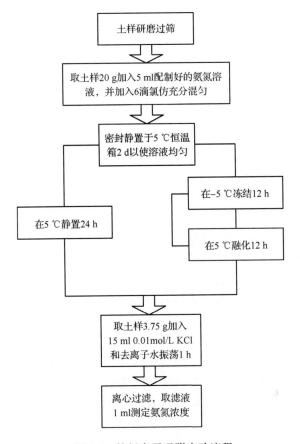

图 2-7　铵根离子吸附实验流程

$$Q_e = \frac{(C_0 - C_e)}{W} \times V \tag{2-8}$$

式中，C_0 为外源添加的 NH_4^+-N 初始浓度，C_e 为吸附达到平衡时溶液中 NH_4^+-N 的浓度（mg/L），W 为土样干重（kg），V 为加入的溶液体积（L）。

NH_4^+-N 的固液分配系数（K_d）计算公式如下：

$$K_d = \frac{Q_e}{C_e} \tag{2-9}$$

式中，C_e 为吸附达到平衡时溶液中 NH_4^+-N 的浓度（mg/L），Q_e 为土壤固相中 NH_4^+-N 的吸附量（mg/kg）。

2. 数据分析

数据采用 Excel 2007 进行拟合与作图，SPSS 13.0 进行统计分析与显著性检验。

2.3　冻融作用对湿地表层土吸附能力的影响

2.3.1　冻融条件下湿地表层土对氨氮的吸附等温线

吸附等温曲线表达的是在固定的温度条件下,吸附过程达到动态平衡时溶质在固-液两相的分配规律,它可以反映吸附剂对溶质的吸附能力(邓南圣和吴峰,2006)。氨氮在固液两相的分配特征通常采用 Henry 线性方程、Langmuir、Freundlich 和 Temkin 等温吸附方程来拟合,且吸附量会受到土壤黏粒含量、有机质含量、pH 及阳离子交换量等因素的影响(陈家坊和蒋佩弦,1963;谢鹏等,1988)。由于本书的研究主要探讨的是土壤对低浓度铵根离子的吸附特性,所以土壤的吸附量并未明显出现因吸附达到饱和而趋于稳定的趋势。因此,分别选用线性和 Freundlich 吸附等温式来拟合吸附剂为中等覆盖程度的吸附过程。以往学者的研究结果也表明,在一定的浓度范围内(<120 mg/L),土壤对氨氮的吸附可以较好地用线性和 Freundlich 吸附等温式来拟合(翟丽华等,2007)。

1. 等温方程的拟合

以吸附平衡时液相的氨氮浓度为横坐标,单位质量土壤吸附的氨氮为纵坐标,绘制不同次数冻融处理的土壤对氨氮的吸附等温线,并分别选用线性等温方程和 Freundlich 等温方程进行拟合,如图 2-8 和图 2-9 所示。

由图 2-8 和图 2-9 可知,仅从拟合的决定系数 R^2 来看,线性方程($R^2 > 0.933$)较 Freundlich 等温方程($R^2 > 0.841$)能更好地拟合有机土对铵根离子的吸附过程。两图都显示:随着土壤溶液中 NH_4^+ 平衡浓度的升高,单位质量土壤对铵根离子的吸附量增加。不同冻融次数下,经过冻融的土样对铵根离子的吸附量一般高于非冻融对照条件下单位质量土壤对铵根离子的吸附量。

2. 两种等温方程拟合度的对比

为了从整体上更准确地对比两种等温方程拟合度,将 5 次冻融条件下的平衡浓度和平衡吸附量分别取平均值,再次用线性和 Freundlich 等温方程拟合,并选用决定系数 R^2 和标准误差 SE 判定等温线的拟合度,决定系数 R^2 和标准误差 SE 的表达式如下:

$$R^2 = 1 - \frac{\sum (Q_s - Q_t)^2}{\sum (Q_s - Q_a)^2} \tag{2-10}$$

$$SE = \left[\frac{\sum (Q_s - Q_t)^2}{N} \right]^{1/2} \tag{2-11}$$

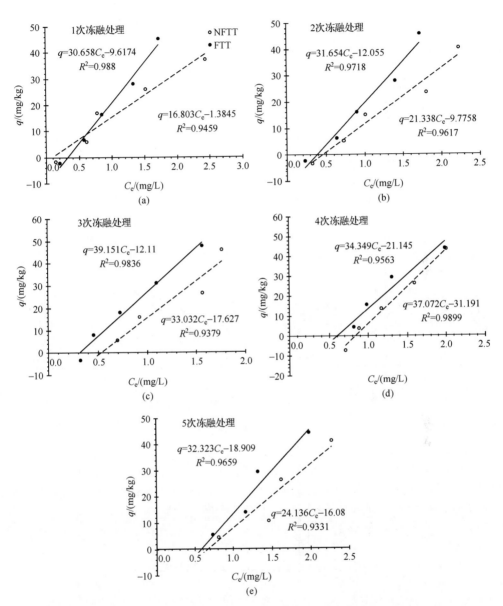

图 2-8　冻融处理和常温对照处理条件下土壤对铵根离子的吸附等温线(线性拟合)

式中，Q_s 是模型的标准值，Q_t 是实测值，Q_a 是实验数据的平均值，N 是实验点的个数。R^2 数值接近 1，SE 数值低则说明模型的拟合度更优，这也是筛选等温模型的重要途径(张增强等，2000)。

所得的拟合参数如表 2-3 所示。

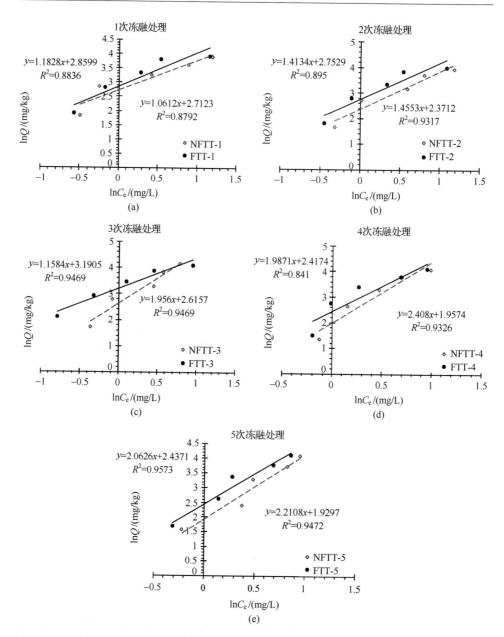

图 2-9　冻融处理和常温对照处理条件下土壤对铵根离子的吸附等温线（Freundlich 方程拟合）

　　由得出的决定系数 R^2 和标准误差 SE 可知，无论是冻融样还是空白样，线性等温方程的拟合度均优于 Freundlich 等温方程。

表 2-3　吸附等温线的拟合参数

吸附等温线类型	拟合参数	参数拟合值	
		冻融	空白
线性	k	30.279	25.200
	b	−12.225	−13.71
	R^2	0.989	0.997
	SE	2.336	1.066
Freundlich	k	15.897	10.344
	n	0.601	0.565
	R^2	0.955	0.969
	SE	6.511	3.956

3. 冻融对有机土吸附 NH_4^+ 过程的影响分析

线性方程拟合出的 $b<0$ 表明,当外源添加铵根离子的浓度为 0 时,土壤对铵根离子的吸附量为负值,即土壤本身含有的铵根离子发生了解吸;b 的绝对值表征了 NH_4^+ 在该条件下的解吸量,拟合结果表明冻融作用减小了土壤中 NH_4^+ 的解吸量。两种等温模型的拟合下,表征土壤吸附容量的 k 值均在冻融后增大。

Yu 等(2011)在冻融条件下土壤对 DOC 的吸附实验中也发现了土壤吸附容量增大的现象。这种结果可能是因为在土壤冻结的过程中,土壤中的水分冻结成冰晶从而膨胀,打破了颗粒之间的连接(王洋等,2007),使大团聚体破碎,小团聚体含量增加(Edwards,1991),从而增加了土壤的比表面。邓西民等(1998)在对水分非饱和的原状土的冻融研究中发现,冻融过程能使犁底层土壤的孔隙率增加 6.1%~16.3%。王恩姮等(2010)学者在对黑土的冻融实验中进一步证明:在有少量水分补充的情况下,交替冻融会使干筛团聚体中大于 2 mm 的团聚体比例下降,小于 2 mm 的团聚体比例增加;干筛团聚体的平均质量直径从 2.38 mm 降至 1.61 mm,呈现出显著降低的趋势,平均质量比表面积则提高了 20.54%;分形维数增加了 1.22%,说明干筛团聚体中小粒径的比例有了显著的增加。

另外,氨氮的吸附也是一个与热交换相关的弱放热化学过程(翟丽华等,2007)。冻融过程的低温也可能会增强土壤对氨氮的吸附作用,Elliott 和 Henry(2009)的研究结果就表明:冻结过程的最低温度和降温的速率都会影响土壤中溶解态氮的淋失量。根据表 2-3 中的线性拟合方程,可以计算出铵根离子达到吸附解吸平衡时的浓度,即吸附量为 0 时土壤溶液中铵根离子的临界浓度(C_0)。该值可用来表征铵根离子从土壤固相进入溶液的风险大小,值越大表明固相中的铵根离子越容易进入土壤溶液(高超等,2001)。

冻融条件下湿地表层土对 NH_4^+ 的吸附等温方程：

$$Q_e = 30.279C_e - 12.225 \tag{2-12}$$

非冻融条件下湿地表层土对 NH_4^+ 的吸附等温方程：

$$Q_e = 25.200C_e - 13.710 \tag{2-13}$$

冻融条件下铵根离子吸附量（Q_e）为 0 时，土壤溶液中 NH_4^+ 的临界浓度 C_0 为 0.404 mg/L；非冻融对照条件下铵根离子吸附量为 0 时，土壤溶液中 NH_4^+ 的临界浓度 C_0 为 0.544 mg/L。这表明若土壤发生解吸而导致氨氮随土壤中的空隙水迁移，则在冻融条件下空隙水中氨氮浓度低于非冻融条件下氨氮的浓度。

2.3.2　初始浓度和冻融次数对氨氮固液分配系数的影响

固液分配系数 K_d 可以量化地表征土壤溶液中物质与土壤颗粒表面发生的土壤界面反应过程（李春越等，2008），是各类分布式水文模型中的重要参数，K_d 值的增加表征着土壤对溶质的吸附能力增大。以不同的初始氨氮浓度梯度为横坐标，不同冻融处理（1～5 次）后，氨氮固液分配系数的平均值（$\overline{K_d}$）为纵坐标作图，如图 2-10 所示。

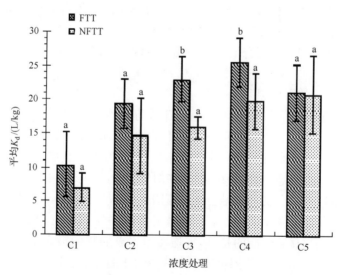

图 2-10　氨氮固液分配系数（K_d）随氨氮初始浓度的变化

图中误差线代表 $\overline{K_d}$ 的标准偏差；

同一坐标下的不同字母代表对应条件下的两组数据经过配对样本 t 检验后有显著差异（$P < 0.05$）

结果表明，在同一浓度梯度下，经过冻融处理的土样其 $\overline{K_d}$ 值均大于非冻融对照样，具体增加的百分比为 29.9%～47.3%。$\overline{K_d}$ 值的增大是由于土壤对外源添加氨氮的吸附能力增强，从液相进入固相的铵根离子增加，液相中的铵根离子减少而造成的。这也从另一个角度说明了冻融作用能增大土壤对氨氮的吸附量。

对于前 4 个浓度,随外源加入氨氮浓度的增加,冻融处理土样和非冻融对照样的 $\overline{K_d}$ 值均呈升高的趋势。当初始氨氮浓度升高到 57.3 mg/L 时(C5 点),冻融处理土样与非冻融对照样的 $\overline{K_d}$ 值基本一致,且冻融处理土样的值较前一个浓度点有所降低,而非冻融对照样的值则与前一个浓度点基本相同。这表明,土壤对铵根离子的吸附在 C5 浓度点时可能接近饱和,此时冻融作用对氨氮分配系数的影响程度下降。

以冻融次数为横坐标,计算不同初始浓度下氨氮的固液分配系数,并以其平均值($\overline{K_d}$)为纵坐标作图,如图 2-11 所示。

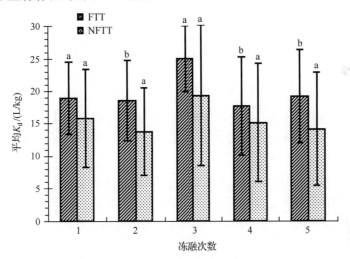

图 2-11　氨氮固液分配系数(K_d)随冻融次数的变化

图中误差线代表 $\overline{K_d}$ 的标准偏差;

同一坐标下的不同字母代表对应条件下的两组数据经过配对样本 t 检验后有显著差异($P<0.05$)

结果表明,在相同冻融次数下,经过冻融处理土样的 $\overline{K_d}$ 仍旧比非冻融对照样高。在经过 1~3 次冻融处理时,$\overline{K_d}$ 值呈现增大的趋势,之后(4、5 次)又有所减小,并没有明显的规律性变化,这说明多次的交替冻融处理并不能使土壤的吸附能力持续的增大。这一现象在 Yu 等(2011)的实验结果中也有所体现,另外,Herrmann 和 Witter(2002)学者在研究交替冻融过程对碳和氮矿化过程影响时也发现,经过 3 次冻融处理后,冻融过程对实验结果的影响会逐渐减小。但对于这一现象目前还不能提出较为合理的原因进行解释。

通过对 K_d 值的单因素方差分析发现:以初始氨氮浓度为影响因子,则 K_d 值之间存在极显著的差异($P<0.01, F>F_{0.01}$);而以冻融次数为影响因子时,K_d 值之间无明显差异($P>0.05, F<F_{0.05}$)。这表明在实验的浓度范围内,初始氨氮浓

度对氨氮固液分配系数的影响大于冻融次数对其的影响。

2.4　冻融作用对旱地表层土中不同形态氨氮吸附的影响

已有研究表明,在不同铵根离子浓度下,土壤对其吸附的强弱程度也不同。其中,部分铵根离子与土壤胶体表面的强吸附点结合,另一部分铵根离子则与土壤胶体表面的弱吸附点结合(朱兆良和文启孝,1992)。弱吸附态铵根离子易于解吸,因而易于被植物利用和淋失。本书的研究中去离子水浸提出的 NH_4^+ 主要是溶解态铵,此时被土壤吸附而未提取出的 NH_4^+ 以强吸附态和弱吸附态的形式存在于土壤固相,本节中称为总吸附量;而用 0.01mol/L KCl 溶液浸提时,提取的 NH_4^+ 除溶解态之外,还有通过阳离子交换过程解吸出来的弱吸附态,未被提取出的 NH_4^+ 与土壤胶体的结合力较强,为强吸附态。

2.4.1　冻融次数对氨氮吸附量的影响

以冻融次数为横坐标,分别以盐溶液浸提和水溶液浸提得出的实验结果,以各个浓度 NH_4^+ 添加下土壤中强吸附态 NH_4^+ 量(Q_s)和铵根离子总吸附量(Q_t)为纵坐标,作图 2-12。

单因素方差分析结果表明,不同冻融次数对土样中 NH_4^+ 总吸附量和强吸附态量的影响均达到极不显著($P>0.01$, $F<F_{0.01}$)水平。故本节在之后的数据分析和拟合中均采用 $1\sim5$ 次冻融的平均值,以便从整体上反映冻融对土壤吸附特性的影响。

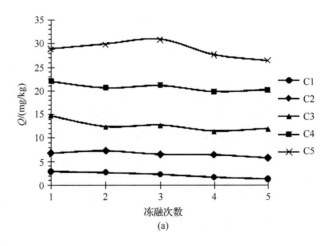

(a)

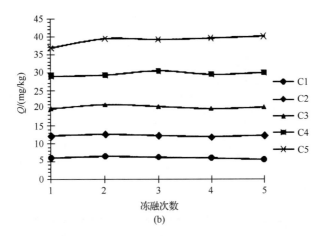

图 2-12　不同浓度处理下铵根离子(a)强吸附量(Q_s)和(b)总吸附量(Q_t)随冻融次数的变化

2.4.2　冻融次数对氨氮吸附量的影响

在去离子水浸提的情况下,以铵根离子平衡浓度(C_e)为横坐标,冻融处理(FTT)和非冻融处理(UFTT)条件下,土壤胶体对 NH_4^+ 总吸附量(Q_t)为纵坐标作图,如图 2-13 所示。

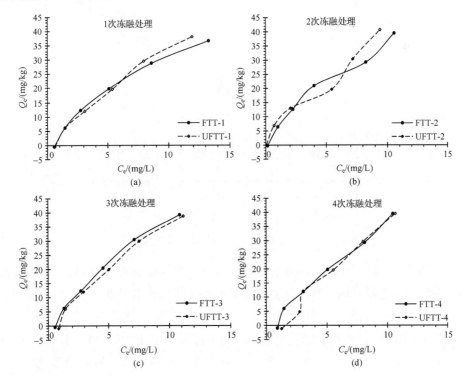

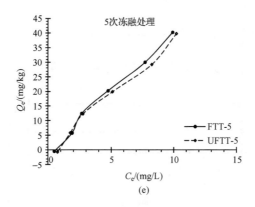

图 2-13　冻融条件下和常温对照条件下吸附量（Q_e）随平衡浓度（C_e）的变化

　　由图 2-13 可知，在去离子水浸提下，不同冻融次数下冻融样和常温对照样的 NH_4^+ 总吸附量之间差异均不大。若将横坐标设为铵根离子初始浓度（C_i），纵坐标为 5 次冻融处理和其对应空白样的均值，通过线性拟合则可得结果如图 2-14 所示。

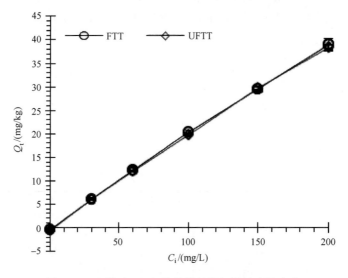

图 2-14　土壤对 NH_4^+ 总吸附量随初始浓度的变化

　　由图 2-14 可知，在以铵根离子初始浓度（C_i）为横坐标时，可以更明显地观察到冻融作用对土壤吸附 NH_4^+ 总量的影响很小。线性拟合结果表明：当土壤中加入的 NH_4^+ 初始浓度从 0 升高到 200 mg/L 时，冻融条件下 NH_4^+ 总吸附量从 -0.52 mg/kg 呈线性升高到 39.0 mg/kg；非冻融条件下 NH_4^+ 总吸附量从 -0.70 mg/kg 呈线性升高到 38.5 mg/kg。当加入的 NH_4^+ 初始浓度为 0 时，

NH_4^+ 总吸附量为负值,表明土壤中原有的 NH_4^+ 发生解吸。

同样在去离子水浸提的情况下,以铵根离子平衡浓度(C_e)为横坐标,不同次数冻融处理(FTT)和非冻融处理(UFTT)条件下,土壤胶体对 NH_4^+ 总吸附量(Q_t)的平均值为纵坐标,拟合 NH_4^+ 总吸附量(Q_t)的吸附等温线,如图 2-15 所示。

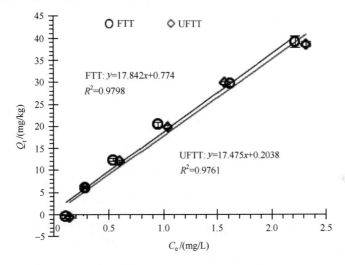

图 2-15　土壤对 NH_4^+ 总吸附量的吸附等温线(线性拟合)

由图 2-15 可知,在实验浓度范围内,线性等温方程的拟合出的 NH_4^+ 吸附等温线 $R^2 > 0.97$,SE=1.92,但在低浓度段,线性拟合结果与实际的测定值仍有一定的偏离。考虑到低浓度段的偏离,重新选用 Freundlich 等温方程对 NH_4^+ 总吸附量拟合,如图 2-16 所示。

由图 2-16 可知,Freundlich 等温方程拟合出的决定系数高于线性方程。对拟合度的进一步判断如表 2-4 所示。

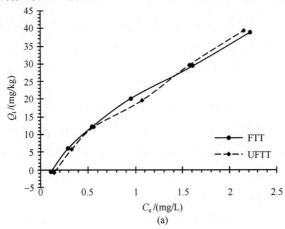

(a)

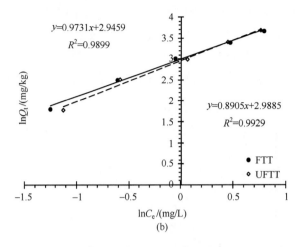

图 2-16　土壤对 NH_4^+ 总吸附量的吸附等温线(Freundlich 方程拟合)

表 2-4　吸附等温线的拟合参数

吸附等温线类型	拟合参数	参数拟合值	
		冻融	空白
线性	k	17.842	17.475
	b	0.774	0.204
	R^2	0.980	0.976
	SE	1.921	1.963
Freundlich	k	19.028	19.856
	n	1.028	1.123
	R^2	0.990	0.993
	SE	1.699	0.895

　　由表 2-4 可知,与线性方程拟合结果相比,Freundlich 等温方程对冻融样和空白样的拟合结果均更优,其决定系数更高,标准误差 SE 更小。但无论是哪种拟合方式,拟合出的表征土壤吸附容量的参数(k)都表明冻融对 NH_4^+ 总吸附量的影响不明显。

　　固液分配系数 K_d 可以量化地表征土壤溶液中物质与土壤颗粒表面发生的土壤界面反应过程(李春越等,2008),是各类分布式水文模型中的重要参数,K_d 值的增加表征着土壤对 NH_4^+ 的吸附能力增大。以加入的 NH_4^+ 浓度梯度为横坐标,在不同冻融次数下分别计算土样对 NH_4^+ 总吸附量的固液分配系数(K_d),求其平均值并作为纵坐标,作图 2-17 所示。

　　由图 2-17 可以看出,随浓度增大,土壤对 NH_4^+ 总吸附量的固液分配系数

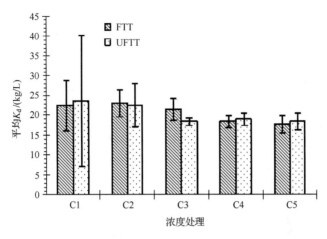

图 2-17　土壤对 NH_4^+ 总吸附量的固液分配系数(K_d)随氨氮初始浓度的变化

图中误差线代表 K_d 的标准偏差

(K_d)变化不明显,呈现略微减小的趋势。在同一浓度下,冻融作用对 NH_4^+ 总吸附量的 K_d 的影响不明显。将经过 $1\sim5$ 次冻融后土样的 K_d 值与不经冻融对照样的 K_d 值分别进行成对二样本检验,结果表明:除 3 次冻融处理样品外,非冻融(UFTT)处理条件下的 K_d 值和冻融处理(FTT)的 K_d 值差异均不显著($P>0.05$, $F<F_{0.05}$)。

2.4.3　冻融作用对强吸附态氨氮的影响

在 $0.01mol/L$ KCl 溶液浸提的情况下,以铵根离子平衡浓度(C_e)为横坐标,在冻融处理(FTT)和非冻融处理(UFTT)条件下,将土壤中强吸附态 NH_4^+ 量(Q_s)为纵坐标作图,如图 2-18 所示。

由图 2-18 可知,相比水浸提结果,$0.01mol/L$ KCl 溶液浸提下的 NH_4^+ 吸附量在不同次数冻融后与常温对照样有了较明显的差异。同样计算出不同冻融次数

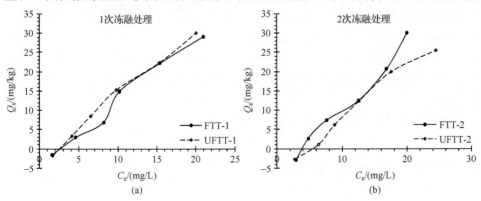

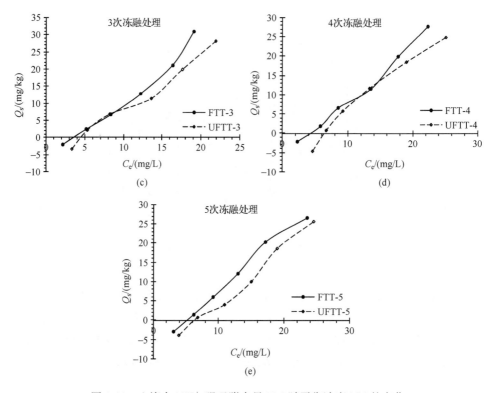

图 2-18　土壤中 NH_4^+ 强吸附态量（Q_s）随平衡浓度（C_e）的变化

下和其对应空白样的均值进行进一步的吸附等温线拟合分析，并分别以铵根离子初始浓度（C_i）和平衡浓度（C_e）为横坐标，作图如图 2-19 所示。

　　由图 2-19 可知，冻融作用明显地增加了土壤对强吸附态 NH_4^+ 的吸附量。当土壤中加入的 NH_4^+ 初始浓度从 0 升高到 200 mg/L 时，冻融条件下 NH_4^+ 强吸附态量从 −2.36 mg/kg 呈线性升高至 28.81 mg/kg；非冻融条件下 NH_4^+ 强吸附态量从 −4.25 mg/kg 呈线性升高至 25.12 mg/kg，如图 2-19（a）所示。线性回归方程能较好地拟合强吸附态 NH_4^+ 的吸附等温线，拟合方程的拟合决定系数 $R^2 >$ 0.996，标准误差 SE＝0.54，如图 2-19（b）所示。

　　根据吸附等温线的拟合方程，可以估算出当土壤吸附的强吸附态 NH_4^+ 量为 0 时，土壤溶液中 NH_4^+ 的临界浓度 C_0，即强吸附态 NH_4^+ 达到吸持与解吸动态平衡时的浓度。

　　冻融条件下强吸附态 NH_4^+ 的等温方程：
$$Q_e = 8.2392C_e - 6.7292 \qquad (2-14)$$
　　非冻融条件下强吸附态 NH_4^+ 的等温方程：
$$Q_e = 7.1349C_e - 9.4894 \qquad (2-15)$$

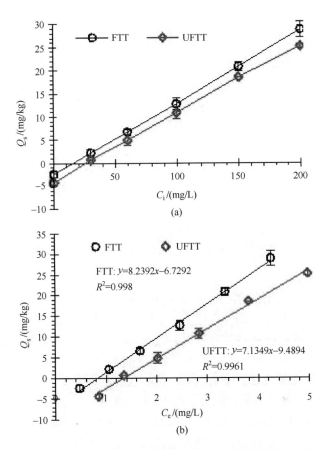

图 2-19　土壤对 NH_4^+ 强吸附态量随初始浓度(a)和平衡浓度(b)的变化

　　计算结果表明,冻融条件下强吸附态 NH_4^+ 的吸附解吸达到平衡时土壤溶液中 NH_4^+ 的浓度为 0.82 mg/L;非冻融条件下,强吸附态 NH_4^+ 的吸附解吸达到平衡时土壤溶液中 NH_4^+ 的浓度为 1.33 mg/L。鉴于 0.01mol/L KCl 溶液比去离子水更接近农田土壤溶液的实际离子强度,则采用盐溶液浸提的方式也更接近与农田中铵根离子流失的实际情况,所以实验结果表明冻融作用降低了 NH_4^+ 离子从土壤中淋失的风险。这一点与之前对湿地表层有机土的相关研究(陈奕汀等,2012)结论一致,同时也可以看出,由于有机土的土壤特性和冬季含水量与旱地表层土有所不同,无论是在冻融条件还是非冻融条件下,其土壤溶液中 NH_4^+ 离子达到吸持与解吸动态平衡时的浓度均远小于旱地表层土。

　　同样以加入的 NH_4^+ 浓度梯度为横坐标,在不同冻融次数(1~5 次)下分别计算土样中强吸附态 NH_4^+ 量的固液分配系数(K_d),求其平均值并作为纵坐标,如图 2-20 所示。

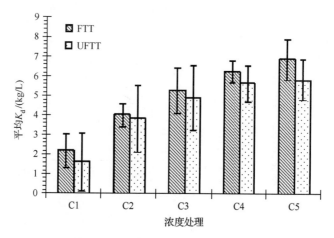

图 2-20　土壤中强吸附态 NH_4^+ 量的固液分配系数(K_d)随氨氮初始浓度的变化

图中误差线代表 K_d 的标准偏差

　　由图 2-20 可以看出,随浓度增大土壤中强吸附态 NH_4^+ 的固液分配系数(K_d)呈增大的趋势。与非冻融处理(UFTT)条件下的对照样相比,同一浓度下,冻融作用始终都使得强吸附态 NH_4^+ 的 K_d 值增大。成对二样本检验结果表明,随着冻融次数增加,不同冻融次数处理后的 K_d 与其相应对照样的 K_d 值之间呈显著($P<0.05$,$F>F_{0.05}$)甚至极显著($P<0.01$,$F>F_{0.01}$)的差异。

　　Wang 等(2007)、Yu 等(2011)、王展等(2011)在对冻融条件下对土壤的吸附研究中均发现,在吸附质为 NH_4^+、DOC、$H_2PO_4^-$ 和 Cd^{2+} 时,冻融过程均能增加土壤对其的吸附量。原因可能是冻融作用降低了土壤团聚体的稳定性,使土壤中的大团聚体破碎,增大了土壤团聚体的比表面积,从而增加了土壤的吸附量(邓西民,1998;王恩姮等,2010)。由本实验的结果可知,冻融作用几乎没影响土壤对铵根离子的总吸附量,而只是增加了 NH_4^+ 的强吸附态量。这表明冻融作用使土壤中不能在 0.01mol/L KCl 溶液浸提下发生解吸的阳离子强吸附点位显著增加。

　　土壤矿物表面由于具有带负电的吸附点位,故能通过离子交换的方式将阳离子吸附于土壤固相,且吸附点位的数量与土壤黏土矿物的晶格结构和同晶置换量密切相关。Rosenfeld(1979)的研究结果也表明:在有机质含量较高的土壤和沉积物中,铵根离子大部分被有机质吸附,而且吸附于有机质胶体表面的铵根离子是被可交换的,另一部分铵根离子则被固定于黏土矿物晶层间或晶格中而难以解吸。在冻融过程中,土壤中的水分通过冻胀作用使大团聚体破碎,土壤平均质量直径减小(Bullockm et al.,1998)。在此过程中冻胀作用还可能破坏了土壤中无机胶体(黏粒)的结构,使得 NH_4^+ 更易进入黏土矿物的晶层间和晶格内部,表现为强吸附态而难以被盐溶液解吸。虽然有研究表明铵根离子在海泡石和飞灰上的吸附为放热反应,吸附量随温度降低而升高(Ugurlu and Karaoglu,2011),但在本书的研究中,冻融中的降温过程并没有明显增加土壤对铵根离子的总吸附量,这可能与土壤的组成有关,具体原因有待进一步探讨。

另外,在对土壤中养分离子解吸规律的研究中,去离子水或一定浓度的盐溶液均是解吸过程中常选用的浸提液。但本实验的结果表明,选择不同的浸提液为冻融作用下氨氮解吸实验的结果带来了较大影响。因而在设计解吸实验方案时,浸提液的选用需要根据室内实验所模拟的土壤环境来决定,才能确保结果真实地反映所模拟的过程。

2.5　小　　结

(1) 低浓度下,氨氮在有机土上的吸附等温线呈较好的线性变化,无论冻融与否,线性方程拟合结果($R^2>0.989$,SE<2.336)均优于 Freundlich 等温方程($R^2>0.955$,SE<6.511)。冻融作用一般提高了单位质量湿地表层土对氨氮的吸附量,使铵根离子吸附量为 0 时土壤溶液中氨氮的临界浓度从 0.544 mg/L 降低到 0.404 mg/L。

(2) 随氨氮初始浓度的升高,冻融样与非冻融对照样的 K_d 值均有所升高。与非冻融对照样相比,冻融作用可使土样的 K_d 值增加 29.9%～47.3%。随着冻融次数的增加 K_d 值没有明显的规律性变化。冻融次数对土样中不同吸附形态的铵根离子的吸附量影响均极不显著($P>0.01$,$F<F_{0.01}$)。

(3) 与线性方程相比,旱地土壤中的铵根离子总吸附量用 Freundlich 方程拟合的决定系数更高($R^2>0.99$),标准误差 SE 更小(SE<1.69)。冻融对 NH_4^+ 总吸附量的影响不明显,对相应的固液分配系数 K_d 的影响不显著($P>0.05$,$F<F_{0.05}$)。

(4) 旱地土壤中强吸附态铵根离子量的吸附等温线均呈线性,线性拟合的拟合决定系数 $R^2>0.99$,标准误差 SE<0.54。冻融作用明显增大了旱地土壤中强吸附态 NH_4^+ 的吸附量,并显著($P<0.05$,$F>F_{0.05}$)升高了强吸附态 NH_4^+ 的固液分配系数 K_d。

(5) 冻融作用使土壤中不能在 0.01mol/L KCl 溶液浸提下发生解吸的阳离子强吸附点位显著增加。在氨氮的解吸实验中,不同浸提液的选用可能会为实验结果带来较大差异。

参 考 文 献

曹志洪,李庆逵. 1988. 黄土性土壤对磷的吸附与解吸. 土壤学报,25(3):218-226.

陈家坊,高子勤. 1959. 中国某些红黄壤中吸收性铵的特性及其与土壤性质的关系. 土壤学报,11(7):78-84.

陈家坊, 蒋佩弦. 1963. 几种水稻土对铵离子的吸附特性. 土壤学报, 11(2): 171-183.

陈奕汀, 程红光, 林春野, 蒲晓, 周坦, 李倩. 2012. 冻融作用对三江平原有机土吸附铵根离子及其分配系数的影响. 农业环境科学学, 31(2): 390-394.

邓南圣, 吴峰. 2006. 环境化学教程. 武汉: 武汉大学出版社.

邓西民, 王坚, 朱文珊, 刘丽平. 1998. 冻融作用对犁底层土壤物理性状的影响. 科学通报, 43(23): 2538-2541.

傅献彩, 沈文霞, 姚天扬. 2006. 物理化学. 北京: 高等教育出版社.

高超, 张桃林, 吴蔚东. 2001. 农田土壤中的磷向水体释放的风险评价. 环境科学学报, 21(3): 344-348.

李春越, 党廷辉, 王万忠, 戚龙海, 郭栋, 刘文兆. 2008. 中国几种典型农田土壤磷素固液相分配规律. 农业环境科学学, 27(5): 2008-2012.

王恩姮, 赵雨森, 陈祥伟. 2010. 季节性冻融对典型黑土区土壤团聚体特征的影响. 应用生态学报, 21(4): 889-894.

王洋, 刘景双, 王国平, 周旺明. 2007. 冻融作用与土壤理化效应的关系研究. 地理与地理信息科学, 23(2): 91-96.

王展, 张良, 党秀丽, 张玉龙. 2011. 冻融作用对土壤镉吸附特征的影响. 农业环境科学学报, 30(6): 1103-1107.

谢鹏, 蒋剑敏, 熊毅. 1988. 我国几种主要土壤胶体的 NH_4^+ 吸附特征. 土壤学报, 25(2): 175-183.

翟丽华, 刘鸿亮, 徐红灯, 席北斗. 2007. 浙江某农场土壤和沟渠沉积物对氨氮的吸附研究. 环境科学, 28(8): 1770-1773.

张一平. 2010. 土壤养分热力学. 北京: 科学出版社.

张增强, 张一平, 全林安, 刘奭雨. 2000. 镉在土壤中吸持等温线及模拟研究. 西北农业大学学报, 26(2): 94-98.

朱兆良, 文启孝. 1992. 中国土壤氮素. 南京: 江苏科学技术出版社.

Bullockm S, Kemper W D, Nelson S D. 1998. Soil cohesion as affected by freezing, water content, time and tillage. Soil Science Society of America Journal, 52: 770-776.

Edwards L M. 1991. The effect of alternate freezing and thawing on aggregate stability and aggregate size distribution of some prince Edward Island soil. Journal of Soil Science, 21: 193-204.

Elliott A C, Henry H A L. 2009. Freeze-thaw cycle amplitude and freezing rate effects on extractable nitrogen in a temperate old field soil. Biology and Fertility of Soils, 45: 469-476.

Henry H A L. 2007. Soil freeze-thaw cycle experiments: trends, methodological weaknesses and suggested improvements. Soil Biology and Biochemistry, 39: 977-986.

Herrmann A, Witter E. 2002. Sources of C and N contributing to the flush in mineralization upon freeze-thaw cycles in soils. Soil Biology and Biochemistry, 34: 1495-1505.

Joseph G, Henry H A L. 2008. Soil nitrogen leaching losses in response to freeze-thaw cycles and pulsed warming in a temperate old field. Soil Biology and Biochemistry, 40: 1947-1953.

Rosenfeld J K. 1979. Amino acid diagenesis and adsorption in nearshore anoxic sediments. Limnology and Oceanography, 24(6): 1014-1021.

Ugurlu M, Karaoglu M H. 2011. Adsorption of ammonium from an aqueous solution by fly ash land sepiolite: Isotherm, kinetic and thermodynamic analysis. Microporous and Mesoporous Materials, 139(1-3): 173-178.

Wang G P, Liu J S, Zhao H Y, Wang J D, Yu J B. 2007. Phosphorus sorption by freeze-thaw treated wetland soils derived from a winter-cold zone (Sanjiang Plain, Northeast China). Geoderma, 138(1-2): 153-161.

Yu X F, Zhang Y X, Zou Y C, Zhao H M, Lu X G, Wang G P. 2011. Adsorption and desorption of ammonium in wetland soils subject to freeze-thaw cycles. Pedosphere, 21(2): 251-258.

第3章 土壤氮素界面过程关键影响因子识别研究

3.1 界面过程影响因子识别理论基础

3.1.1 吸附动力学基础

原子和分子在界面上的吸附是表面和胶体科学中的重要主题之一。高能界面转变,使体系的总能量降低,是吸附过程的基本方式。吸附是指物质(主要是固体物质)表面吸住周围介质(液体或气体)中的分子或离子的现象。吸附也属于一种传质过程,物质内部的分子和周围分子有互相吸引的引力,但相对内部的分子,物质表面的分子对外部的作用力并没有充分发挥,所以液体或固体物质的表面可以吸附其他液体或气体,尤其是在表面积很大的情况下,这种吸附力能产生很大的作用,所以工业上经常利用大面积的物质进行吸附,如活性炭、水膜等。

固体表面具有粗糙性、不完整性和不均匀性等特点,表面组成和结构的变化直接影响其吸附性能。固体表面的吸附作用就是固体表面能存在所引起的一种普遍现象。固体表面的吸附有两种类型,物理吸附和化学吸附,分别由范德华力和剩余化学键力引起,被吸附的物质称为吸附质,具有吸附能力的固体称为吸附剂。吸附质可以被吸附到固体表面上,也可以解吸回到原来的相。在外界因素恒定的条件下,当吸附速率和解吸速率相等时,即达到吸附平衡:

$$a = \frac{x}{m} \tag{3-1}$$

式中,a 是吸附量,x 是吸附质的物质的量,m 是吸附剂的质量。

影响吸附量的因素有吸附剂和吸附质的物理化学性质、温度等。

当固体与不能使其溶解的溶液接触时,溶液组分可能发生变化,某组分在体相溶液中浓度减小,则其在固液界面有正吸附发生;反之,为负吸附。固液界面发生吸附的根本原因是固液界面能有自动减小的趋势。固液界面上的吸附作用也称为固体自溶液中的吸附,简称液相吸附。液相吸附可分为自稀溶液和自浓溶液中的吸附两大类,在实际中液相吸附应用的体系多为稀溶液。

1. 吸附等温线

常见的自稀溶液中吸附的等温线大致有以下 5 类,见图 3-1,主要区别在于等温线起始阶段的斜率,图中 q 是吸附量,C_q 是平衡浓度。

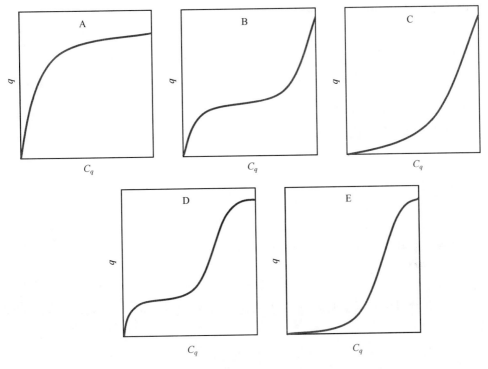

图 3-1　自稀溶液中吸附的等温线

A. 在 2.5nm 以下微孔吸附剂上的吸附等温线属于这种类型。例如，78 K 时，N_2 在活性炭上的吸附及水和苯蒸气在分子筛上的吸附。

B. 常称为 S 形等温线。吸附剂孔径大小不一，易发生多分子层吸附。在比压接近 1 时，发生毛细管和孔凝现象。

C. 这种类型较少见。当吸附剂和吸附质相互作用很弱时会出现这种等温线，如 352 K 时，Br_2 在硅胶上的吸附。

D. 多孔吸附剂发生多分子层吸附时会有这种等温线。在比压较高时，有毛细凝聚现象。如在 323K 时，苯在氧化铁凝胶上的吸附。

E. 发生多分子层吸附，有毛细凝聚现象。如 373 K 时，水汽在活性炭上的吸附。

常见的吸附等温式有 Langmuir 等温式、Freundlich 等温式和 Frumkin 等温式等，这些等温式在液相吸附中的应用大多有经验性质，有些常数的物理意义不如气体吸附中的清楚。

（1）Langmuir 对液相吸附的基本假设源自气相吸附的 Langmuir 单层吸附模型，即吸附是单分子层的，吸附是一种动态平衡。体相溶液和吸附层均视为理想溶液。溶质和溶剂分子体积相等或有相同的吸附位。吸附质的吸附是体相溶液中的吸附质 2 与吸附相中溶剂 1 的交换过程：

$$2^l + 1^s \longleftrightarrow 2^s + 1^l \tag{3-2}$$

式中，上角标 l、s 分别表示液相和吸附相。达到平衡时，平衡常数 K 为

$$K = \frac{x_2^s a_1}{x_1^s a_2} \tag{3-3}$$

式中，x_1^s、x_1^s 分别表示吸附平衡时表面相中溶剂和溶质的摩尔分数；a_1、a_2 分别是体相溶液中溶剂和溶质的活度。因为是稀溶液，a_1 近似为常数。令 $b = K/a_1$，有：

$$b = \frac{x_2^s}{x_1^s a_2} \tag{3-4}$$

因为 $x_1^s + x_2^s = 1$，有：

$$x_2^s = \frac{ba_2}{1 + ba_2} \tag{3-5}$$

在稀溶液中，溶质的活度 a_2 近似等于其浓度 C，有：

$$x_2^s = \frac{bC}{1 + bC} \tag{3-6}$$

设 q 是浓度为 C 时的吸附量，q_0 为极限吸附量，有 $q = q_0 x_2^s$，则式(3-5)可变换为

$$q = \frac{q_0 bC}{1 + bC} \tag{3-7}$$

用 q_e 表示在平衡浓度 C_e 时的吸附量，有：

$$q_e = \frac{q_0 bC_e}{1 + C_e} \tag{3-8}$$

此即 Langmuir 吸附等温式，式中，b 是 Langmuir 常数。

（2）Freundlich 吸附等温式是一个半经验公式，表述如下：

$$q_e = kC_e^{\frac{1}{n}} \tag{3-9}$$

式中，q_e 是平衡吸附量，C_e 是平衡浓度，k 和 n 是 Freundlich 常数。从物理意义上说，k 与吸附容量有关，n 与吸附质与吸附剂作用强度有关。Freundlich 等温式一般适用于中等浓度的吸附数据处理。

（3）Frumkin 吸附等温式表述如下：

$$q_e = n_T \ln C_e + n_T \ln K_T \tag{3-10}$$

式中，q_e 是平衡吸附量，C_e 是平衡浓度，n_T 和 K_T 是 Frumkin 常数。

2. 吸附动力学模型

吸附过程动力学主要研究吸附的速率和各种因素的影响。吸附的速率由吸附剂与吸附质之间的相互作用决定，但同时又受温度、压力、pH 等因素的影响。常用的吸附速率方程有假一级动力学方程、假二级动力学方程、修正的 Freundlich

方程、Elovich 方程和小孔扩散模型。

（1）一级反应表示反应速率与物质浓度的一次方成正比的动力学过程，许多研究者运用一级动力学方程描述了钾在黏土矿物和土壤表面的吸附动力学过程并获得成功。假一级动力学方程的表达形式是：

$$\frac{\mathrm{d}(C_0 - C_t)}{\mathrm{d}t} = k_1 C_t \tag{3-11}$$

式中，C_0 是溶液中溶质的初始浓度，C_t 是 t 时刻时的瞬时浓度，k_1 是假一级动力学方程的吸附速率常数。

对式（3-11）两边积分得到：

$$\ln C_t = \ln C_0 - k_1 t \tag{3-12}$$

变形得到假一级动力学方程的标准式：

$$\ln \frac{C_0}{C_t} = k_1 t \tag{3-13}$$

（2）二级反应是描述实验测得的反应速率与物质浓度的二次方成正比的反应过程。假二级动力学方程的表达式是：

$$\frac{1}{C_t} - \frac{1}{C_0} = k_2 t \tag{3-14}$$

式中，C_0 是溶液中溶质的初始浓度，C_t 是 t 时刻时的瞬时浓度，k_2 是假二级动力学方程的吸附速率常数。

（3）修正的 Freundlich 方程在土壤化学研究中具有广泛的应用，一些学者用该方程描述了钾离子在土壤颗粒上的吸附和释放。修正的 Freundlich 方程的表达形式为

$$\ln q_t = \ln(k_f C_0) + \left(\frac{1}{m}\right) \ln t \tag{3-15}$$

式中，q_t 是 t 时刻时的吸附量，C_0 是溶液中溶质的初始浓度，k_f 是修正的 Freundlich 方程的吸附速率常数，m 是修正的 Freundlich 常数。

（4）Elovich 方程在土壤化学动力学研究中具有重要的应用价值，是描述土壤磷素吸附解吸动力学过程较好的数学模型之一。Elovich 方程针对的是真实吸附层，即认为固体表面不均匀，固体表面上的活性中心吸附活化能不同，吸附活化能 $E_a(\theta)$、脱附活化能 $E_a(\theta)$ 随固体表面覆盖度 θ 呈线性变化。该模型被认为是描述土壤颗粒表面离子吸附过程的理想动力学模型。Elovich 方程的表达式是：

$$q_t = \left(\frac{1}{\beta}\right) \ln(\alpha\beta) + \left(\frac{1}{\beta}\right) \ln t \tag{3-16}$$

式中，q_t 是 t 时刻时的吸附量，β 是 Elovich 方程的吸附速率常数，α 是 Elovich 常数。

（5）小孔扩散模型已被很多研究者用来描述离子在土壤和矿物表面的吸附和

解吸动力学过程。小孔扩散模型的表达式是:

$$q_t = k_p t^{0.5}$$ (3-17)

式中,q_t 是 t 时刻时的吸附量,k_p 是小孔扩散模型的吸附速率常数。

3.1.2　界面迁移理论

描述物质随机运动迁移有两个基本模型:质量迁移模型和梯度流定律。质量迁移模型赋予常数项具有速率的量纲。而梯度流定律则是更基础的模型,它建立在更加严格的物理理论的基础上,与迁移模型相比,它没有做任何与子系统的空间分散相关的假设。Fick 第一定律是梯度流定律应用的一个很好的例子,它表明一个物质的扩散通量与其浓度梯度和分子扩散系数成正比:

$$F_x = -D \frac{\mathrm{d}C}{\mathrm{d}x}$$ (3-18)

式中,F 是单位时间单位面积上的质量通量,D 是分子扩散率,C 是物质浓度,$\mathrm{d}C/\mathrm{d}x$ 是浓度沿 x 轴的空间梯度。

在实验室模拟实验中采用直接测量的方法。土壤-水界面硝态氮扩散通量的计算式是:

$$F = \frac{\Delta m}{A \cdot t}$$ (3-19)

式中,F 是土壤-水界面硝态氮的扩散通量,Δm 是 $t-1$ 时刻到 t 时刻水体中硝态氮物质质量的改变量,A 是土水界面的截面积,t 是取样间隔时间。

Δm 的计算式是:

$$\Delta m = V \cdot (C_t - C_{t-1})$$ (3-20)

式中,V 是水体的体积,C_t、C_{t-1} 分别是 t 时刻、$t-1$ 时刻硝态氮的浓度。

硝态氮的释放速率按式(3-21)计算:

$$v = \left[V(C_n - C_0) + \sum_{n-1}^{n} V_j \cdot C_j \right] / A \cdot t$$ (3-21)

式中,v 为 $NO_3^- $-N 表观释放速率,$V$ 为水体体积,C_n、C_0、C_j 分别为第 n 次取样、初始、第 j 次取样时 $NO_3^- $-N 浓度,$V_j$ 为取样体积,A 为水体与土样的接触面积,t 为释放时间。

3.2　冻融作用对表层土中氨氮迁移的影响

3.2.1　冻融和非冻融条件下湿地和旱地表层土的吸附能力对比

三江平原是我国最大的淡水沼泽集中区域,在多年的农业开发下,湿地面积从 1949 年的 53 400 km² 锐减到 2005 年的 8100 km²。旱地采样点所在地也是在 20

世纪 90 年代由湿地开垦而来,本节将湿地表层土作为本底值与旱地表层土相对比,以反映耕作对表层土理化性质和吸附特性的影响。

对比湿地和旱地表层土的理化性质可以发现(表 3-1),湿地土壤的有机质(SOM)含量和阳离子交换容量(CEC)都远远大于了旱地土壤,其中有机质含量是旱地表层土的 3.29 倍,CEC 是旱地表层土的 2.66 倍。

表 3-1   湿地与旱地表层土理化性质对比

项目	pH	CEC/(cmol/kg)	SOM/%
湿地	5.64	59.5	32.9
旱地	5.76	22.4	10

土壤中有机质含量和 CEC 的大小是土壤理化性质的重要指标。土壤矿物表面电荷一般呈负电性,并对周围的阳离子产生库仑力,使得土壤矿物表面附近的溶液中阳离子富集,而远离矿物表面的溶液中则阳离子缺乏。这种土壤矿物对阳离子吸持的能力可以用阳离子交换容量(CEC)来表现。阳离子交换容量和土壤胶体的特性密切相关,就土壤无机胶体(黏粒)而言,CEC 与黏土矿物的晶格结构和同晶置换量密切相关,其 CEC 的顺序为:蛭石>蒙脱石>云母>高岭石。而对土壤有机胶体(有机质)而言,其中的蛋白质、胡敏酸和富里酸等都能影响土壤的吸附特性。由于土壤的 CEC 值表征了土壤胶体上的阳离子结合点位,因此该值也决定了土壤对 NH_4^+ 的吸附量。

在非冻融的条件下,以不同的浓度梯度为横坐标,湿地表层土和旱地表层土的固液分配系数 K_d 值为纵坐标,作图 3-2。

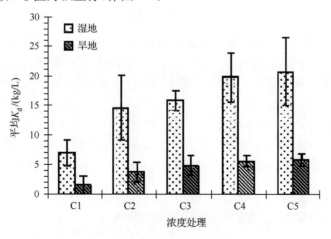

图 3-2   非冻融条件下湿地表层土和旱地表层土的 K_d 值

图中误差线代表 K_d 的标准偏差

　　由图 3-2 可知,非冻融条件的任何浓度处理下,湿地表层土的 K_d 值均大于旱地,平均相差 3.71 倍,最大相差 4.36 倍(C1)。湿地土壤的 CEC 值更大,使其对 NH_4^+ 的吸附能力更强。

　　采样点所在地在 20 世纪 90 年代由湿地开垦为旱地,若将湿地表层土作为对照值,根据对旱地和湿地表层土理化性质(表 3-1)和吸附特性对比(图 3-2)可知,农业开垦活动使得土壤表层土中的有机质含量减少,CEC 值减小,从而导致土壤的吸附量减少,对养分的保有能力下降。

　　在冻融条件下以不同的浓度梯度为横坐标,湿地表层土和旱地表层土的固液分配系数 K_d 值为纵坐标,作图 3-3。

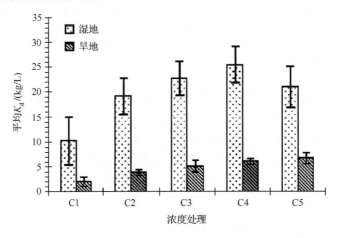

图 3-3　冻融条件下湿地表层土和旱地表层土的 K_d 值

图中误差线代表 K_d 的标准偏差

　　由图 3-3 可知,冻融条件的任何浓度处理下,湿地表层土的 K_d 值仍然大于旱地,平均相差 4.23 倍,最大相差 4.82 倍(C2)。冻融作用使湿地土壤的 K_d 值平均增大了 4.21(kg/L),使旱地土壤 K_d 值平均增大了 0.55(kg/L),因而加大了湿地土壤和旱地土壤吸附能力的差别。

　　冻融作用对湿地土壤吸附能力的增加更显著,一方面是因为湿地土壤的湿度较大,从而在冻融过程中对土壤团聚体和土壤晶格的破坏作用更强烈;另一方面是因为湿地土壤的 CEC 和有机质含量都更高,一旦团聚体和晶格破坏后,新暴露的吸附点位会更多。

3.2.2　冻融作用对随土壤空隙水迁移氨氮的影响

　　在融雪或降水过程中,氨氮主要随地表径流而迁移。在融雪量或降水强度不大的情况下,氨氮随土壤空隙水在地表径流中呈溶解态而迁移,因而其迁移量与土壤的吸附能力相关;而在较大融雪量和降水强度下,径流对地表的冲刷会造成泥沙的流失,氨氮在泥沙发生流失的初期将附着在泥沙表面在地表径流中呈颗粒态而迁移,此时土壤养分的迁移量则与融雪或降水过程中的泥沙产量相关;在坡地大强度降水的径流形成初期,颗粒态氮在氮的总迁移量中占了很大的比例。

一方面冻融作用增大了土壤颗粒间的空隙,使土壤空隙水更易优先形成水流(区自清等,1999),另一方面冻融作用又增大了土壤固相和土壤溶液中 NH_4^+ 的分配比例,从而改变了融雪或降水过程中氨氮的迁移量。

根据黑龙江海伦站(韩晓增等,2011)对 17 个黑土表层土的采样监测数据,黑土区典型的农田旱地表层土(0~15 mm)中氨氮浓度均值为 20.88 mg/kg,分别代入不同冻融条件下旱地表层土拟合出的吸附等温方程求出该土壤固相 NH_4^+ 浓度下对应的液相溶液中的 NH_4^+ 浓度,拟合方程表达式如下:

旱地表层土在无冻融条件下土壤吸附等温方程:

$$C_e = \frac{Q_e + 9.4894}{7.1349} \tag{3-22}$$

旱地表层土在冻融条件下土壤吸附等温方程:

$$C_e = \frac{Q_e + 6.7292}{8.2392} \tag{3-23}$$

式中,C_e 为土壤溶液中 NH_4^+ 的浓度(mg/L),Q_e 为土壤固相中 NH_4^+ 的浓度(mg/kg)。

根据计算结果,在冻融前土壤溶液中 NH_4^+ 的浓度为 4.26 mg/L,在冻融后该值减小到 3.35 mg/L。假设融雪或降水的强度及产流量相同,则对于旱地表层土,随土壤溶液形成的空隙水流而迁移的氨氮总量在发生冻融后减小为冻融前的 79%。

3.2.3　冻融作用对随泥沙迁移氨氮的影响

冻融过程会影响土壤的理化性质,加剧土壤团聚体的拆分作用,使土壤疏松,抗蚀能力减小,从而增大降水或融雪情况下地表径流中泥沙的产量,与此同时,吸附于土壤表面的氨氮也会随泥沙迁移,其迁移量与泥沙产量成正比。本节根据土壤流失方程,将冻融前后土壤的泥沙产量进行对比,旨在预测春季融雪或降水情况下,随泥沙迁移 NH_4^+-N 量的变化。

根据 Musl 修正的土壤流失方程,降水过程中的泥沙产量与为地表径流 Q_{surf}(mm H_2O/hm²)、径流洪峰 q_{peak}(m³/s)、HRU 面积 $area_{hru}$(hm²)、土壤可蚀性因子 K_{USLE}、植被覆盖和作物管理因子 C_{USLE}、保持措施因子 P_{USLE}、地形因子 LS_{USLE}、土壤中直径大于 2 mm 的粗碎块因子 CFRG 等参数相关,表达式如式(3-24)所示:

$$sed = 11.8 \cdot (Q_{surf} \cdot q_{peak} \cdot area_{hru})^{0.56} \cdot K_{USLE} \cdot C_{USLE} \cdot P_{USLE} \cdot LS_{USLE} \cdot CFRG$$

$$\tag{3-24}$$

式中,土壤可蚀性因子 K_{USLE} 由粒径<0.002 mm 的黏土,粒径为 0.002～0.05 mm的淤泥、细沙和粒径为 0.05～0.10 mm 极细沙粒的百分含量决定。

根据王恩姮等(2010)对黑土区的旱地表层土的冻融研究结果:冻融过程对大粒径的团聚体表现出一定的拆分作用,但对于较小粒径的团聚体无明显作用。其中,粒径<0.25 mm 的土壤干筛团聚体在季节性冻融后仅增加 1.36%,且在方差分析中与空白对照样差异不显著,即决定土壤可蚀性因子 K_{USLE} 的参数在冻融前后变化不大,故可认为土壤可蚀性因子 K_{USLE} 在冻融前后的变化可忽略。

研究数据还表明:粒径>2 mm 的土壤团聚体在冻融后从 50.23% 减小到33.97%,与空白对照样差异显著($P>0.05, F<F_{0.05}$)。根据粗块因子CFRG的计算公式(3-25)如下:

$$CFRG = \exp(-0.053 \cdot rock) \tag{3-25}$$

式中,rock 为>2 mm 粗碎块在表层土中的百分含量(%)。

粗块因子CFRG从冻融前的CFRG=0.070增加到冻融后的CFRG=0.165。假设土壤流失方程中[式(3-24)]植被覆盖和作物管理因子 C_{USLE}、保持措施因子 P_{USLE} 和地形因子 LS_{USLE} 相同,土壤可蚀性因子 K_{USLE} 在冻融前后的变化又可忽略,则计算出的冻融后土壤 sed 值是冻融前的 2.36 倍,表明在相同的融雪或降水量下,冻融过程增大了地表径流中的泥沙量。刘昌明等(2007)的研究也表明,东北黑土区在 4～5 月降水量小,但却能监测到较大的径流量和泥沙量,这主要是由融雪和融雪形成的径流冲刷地表产生,水蚀造成的荒漠化是我国黑土区水土流失的一大因素。

由于附着于泥沙表面而随泥沙迁移的 NH_4^+-N 量与产沙量成正比,则在相同的地形、植被覆盖和作物管理措施下,若遇到融雪或降水过程,随泥沙迁移的 NH_4^+-N 量在冻融后亦为冻融前的 2.36 倍。季节性冻融对团聚体的拆分作用将增大土壤的产沙量,从而加大吸附于土壤胶体表面氨氮随径流迁移的风险。

由氨氮迁移量初步估算结果可以看出,冻融过程在机理性模型的产污负荷计算中有不可忽略的影响,因而在季节性冻融区应用相关模型时应将冻融作用作为影响因子,充分考虑其对计算结果的影响。与此同时,由于冻融作用加剧大团聚体的破碎,降低了土壤的稳定性,从而造成了以细沟侵蚀和切沟侵蚀为主的水力侵蚀,因而研究区可采取种植灌木植物篱、修筑谷坊等水土保持措施以减轻春季融雪或降雨造成的水蚀,同时也能减小氨氮等养分离子随泥沙而流失的风险。

3.3 灌溉用水中不同浓度亚铁离子对土壤吸附能力的影响

3.3.1 低浓度亚铁离子添加下吸附等温线的拟合

室内实验以加入 0.70 mg/L Fe^{2+} 的土样模拟地表水灌溉下土壤对 NH_4^+ 的

吸附情况,并设置空白样以供对照。由于实验设置的浓度范围较宽(土样以 NH_4^+-N 浓度分别为 0、20 mg N/L、40 mg N/L、60 mg N/L、80 mg N/L、100 mg N/L 的溶液以 1∶10 土液比浸泡),吸附等温线在高浓度区域开始出现斜率变缓的趋势,故选用 Langmuir 方程对吸附等温线进行拟合。根据实验结果,分别在加入 0.70 mg/L Fe^{2+} 和不加入 Fe^{2+} 的对照条件下,绘制水田土壤对 NH_4^+ 的吸附等温线,如图 3-4 所示。

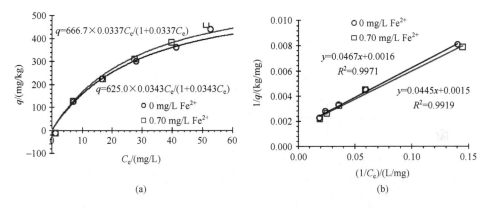

图 3-4　低浓度 Fe^{2+}(0.70 mg/L)添加条件下土壤对 NH_4^+ 吸附量的吸附等温线
(Langmuir 方程拟合)

(a)为 Langmuir 拟合曲线;(b)为 Langmuir 变形后的线性拟合结果

由图 3-4 可知,Langmuir 等温方程拟合的决定系数 $R^2 > 0.992$,进一步的拟合度的分析结果见表 3-2。

表 3-2　低浓度 Fe^{2+}(0.70 mg/L)添加下 Langmuir 拟合参数

吸附等温线类型	拟合参数	参数拟合值	
		0.70 mg/L	空白
Langmuir	k	0.034	0.034
	Q_m	666.700	625.000
	R^2	0.997	0.992
	SE	24.330	23.142

由图 3-4 和表 3-2 可知,两种处理下的土样对 NH_4^+ 的吸附过程均可以由 Langmuir 等温方程较好的拟合($R^2 > 0.992$, SE < 24.330)。根据拟合结果,在加入 0.70 mg/L Fe^{2+} 时,水田土壤对 NH_4^+ 的最大吸附量为 666.7 mg/kg,而空白对照条件下土壤对氨氮的最大吸附量为 625 mg/kg,Fe^{2+} 的加入使土样对 NH_4^+ 的最大吸附量增加了 6.7%,因而三江平原地表水中的铁离子可以在一定程度上增大水田表层土对氨氮的最大吸附量。

3.3.2 低浓度亚铁离子对土壤固液分配系数的影响

计算土样对 NH_4^+ 的吸附量的固液分配系数 K_d 值,以不同的初始氨氮浓度为横坐标,加入 0.70 mg/L Fe^{2+} 和不加入 Fe^{2+} 的对照条件下固液分配系数 K_d 值为纵坐标作图,如图 3-5 所示。

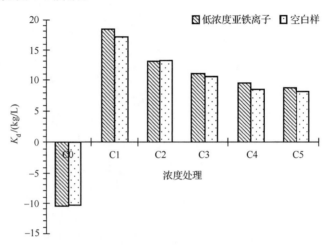

图 3-5　低浓度 Fe^{2+}(0.70 mg/L)添加和空白对照条件下土壤对 NH_4^+ 吸附量的 K_d 值

由图 3-5 可知,随着 NH_4^+ 浓度的增大,K_d 值逐渐减小,除 C2(40 mg/L)外,同一浓度处理下,加入 Fe^{2+}(0.70 mg/L)的土样的 K_d 值均大于空白对照样。土样在 NH_4^+ 浓度为 0 时(C0)发生解吸,此时 K_d 为负值。单因素方差分析结果显示,两种处理下土样的 K_d 值存在显著的差异($P<0.05$,$F>F_{0.05}$)。这说明在低浓度 Fe^{2+} 添加下,氨氮在土壤中的吸附点位有所增加。

无定形氧化铁能够在土壤和土壤矿物的表面形成基团,与土壤溶液中的离子发生离子交换和络合等作用(王文成等,2007),从而增大土壤胶体的吸附能力。Borggaard(1983)的实验结果表明,土壤中的无定形铁氧化物和氧化铁的含量与土壤对磷的吸附量呈显著的正相关;Hsu(1963)的研究结果也表明,在土壤吸附磷的过程中,吸附会先后发生在土壤中已存在和新形成的无定形氧化铁表面。Chao 等(1964)发现吸附能力较强的棕壤在去除铁、铝氧化物后其对 SO_4^{2-} 吸附能力有明显的降低,而吸附能力较弱的红壤在加入铁、铝氧化物后吸附能力则明显增加。初元满等的研究结果也表明,在水土比为 10:1 的情况下,加入铁离子会使溶液中 NH_4^+ 浓度减小,并分析其原因一方面是由于溶液中的铁离子生成了无定形氧化铁,促进了土壤胶体颗粒对 NH_4^+ 的吸附,另一方面是因为其实验中加入的铁离子为 Fe^{3+},为系统提供了氧化环境,故促进了硝化作用,使得 NH_4^+ 浓度减小。本书的实验在加入 Fe^{2+} 并抑制微生物作用的条件下,仍然得出了相同结论,则可知无定形铁的形成才是使溶液中 NH_4^+ 浓度减小的主要原因。

3.3.3　高浓度亚铁离子添加下吸附等温线的拟合

室内实验以加入 15.0 mg/L Fe^{2+} 的土样模拟地下水灌溉下土壤对 NH_4^+ 的吸附情况,并设置空白样以供对照。根据实验结果,分别在加入 15 mg/L Fe^{2+} 和不加入 Fe^{2+} 的对照条件下,绘制水田土壤对 NH_4^+ 的吸附等温线,如图 3-6 所示。

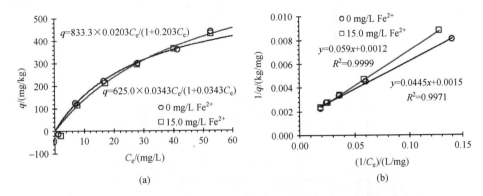

图 3-6　高浓度 Fe^{2+}(15.0 mg/L)添加条件下土壤对 NH_4^+ 吸附量的吸附等温线
（Langmuir 方程拟合）

(a)为 Langmuir 拟合曲线;(b)为 Langmuir 变形后的线性拟合结果

由图 3-6 可知,Langmuir 等温方程拟合的决定系数 $R^2 > 0.997$,进一步的拟合度的分析结果见表 3-3。

表 3-3　高浓度 Fe^{2+}(15.0 mg/L)添加下 Langmuir 拟合参数

吸附等温线类型	拟合参数	参数拟合值	
		15.0 mg/L	空白
	k	0.020	0.034
Langmuir	Q_m	833.300	625.000
	R^2	0.999	0.992
	SE	23.355	23.142

由图 3-6 和表 3-3 可知,两种处理下的土样对 NH_4^+ 的吸附过程仍可以由 Langmuir 等温方程较好的拟合($R^2 > 0.992$, SE < 23.355)。根据拟合结果,在加入 15.0 mg/L Fe^{2+} 时,水田土壤对 NH_4^+ 的最大吸附量为 833.3 mg/kg,而在空白对照条件下土壤对氨氮的最大吸附量为 625 mg/kg,高浓度 Fe^{2+} 的加入使水田土样对 NH_4^+ 的最大吸附量增大了 33.33%。

图 3-5 还显示,Langmuir 等温方程拟合的两条曲线在设定浓度范围内有交

点,联立方程求解可得交点对应的浓度为 30.77 mg/L,即当 NH_4^+ 浓度 $C_e \leqslant$ 30.77 mg/L时,15 mg/L Fe^{2+} 的加入减小了土壤对 NH_4^+ 的吸附量;而当 NH_4^+ 平衡浓度 $C_e > 30.77$ mg/L 时,加入 15 mg/L Fe^{2+} 能则增大土壤的吸附量。

3.3.4 高浓度亚铁离子对土壤固液分配系数的影响

计算土样对 NH_4^+ 的吸附量的固液分配系数 K_d 值,以不同的初始氨氮浓度为横坐标,加入 15.0 mg/L Fe^{2+} 和不加入 Fe^{2+} 的对照条件下固液分配系数 K_d 值为纵坐标作图,如图 3-7 所示。

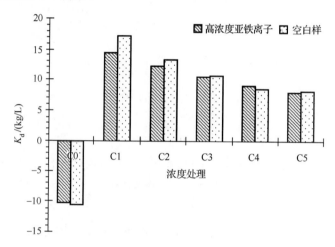

图 3-7   高浓度 Fe^{2+}(15.0 mg/L)添加和空白对照条件下土壤对 NH_4^+ 吸附量

由图 3-7 可知,随着 NH_4^+ 浓度的增大,K_d 值仍然出现减小的趋势,土样同样在 NH_4^+ 浓度为 0 时(C0)发生解吸,K_d 出现负值。但与加入低浓度 Fe^{2+} 时不同,加入高浓度 Fe^{2+} 后,土样的 K_d 值在添加的 NH_4^+ 浓度较低时(C1、C2)显著小于空白样,说明此时离子态的铁与 NH_4^+ 在溶液中共同竞争土壤胶体表面的吸附点位,使得 NH_4^+ 的吸附量反而小于空白样。与 Langmuir 等温方程的拟合结果一致,从 C3 开始,两种处理方式下土样的 K_d 值逐渐接近,并出现加入 15.0 mg/L Fe^{2+} 土样 K_d 值大于空白对照样的趋势。方差分析结果显示,两种处理下土样的 K_d 值存在显著的差异($P < 0.05$, $F > F_{0.05}$)。这说明高浓度 Fe^{2+} 添加下,低浓度氨氮的吸附点位减少,但高浓度氨氮的吸附点位增加。

土壤溶液中的 Fe^{2+} 一方面形成氧化铁胶体增大土壤的吸附能力,另一方面,未形成氧化铁胶体的 Fe^{2+} 与 NH_4^+ 竞争土壤和氧化铁胶体表面的吸附点位而使吸附的 NH_4^+ 再解吸下来,这种吸附与竞争作用处于动态的平衡之中。在 NH_4^+ 浓度较小时($C_e \leqslant 30.77$ mg/L)竞争作用表现得更明显;随着 NH_4^+ 浓度的继续增大($C_e > 30.77$ mg/L),NH_4^+ 的吸附作用开始占主导地位,无定形氧化铁对 NH_4^+ 的吸附作用也才在宏观上表现出来。

　　另外,Shuman(1988)和谢鹏等(1988)的研究结果表明:只有在同时去除土壤中的有机质和铁氧化物时才能降低土壤对阳离子的吸附量,仅去除土壤中的铁氧化物或者仅去除有机质反而会增加土壤胶体的结合能,土壤胶体中有机质和无机物的复合作用才是决定土壤吸附量的主要因素。因此在土壤量一定的情况下,过量添加的铁离子反而会与吸附质形成竞争,降低土壤对吸附质的吸附量。在实际的农业生产中,若三江平原采用地下水作为农业用水,则在土壤溶液中 NH_4^+ 浓度 $C_e > 30.77$ mg/L 的情况下,能增大水田表层土,减小其流失风险。

3.4　小　　结

　　(1) 旱地表层土的有机质含量与 CEC 值均小于湿地表层土,在冻融和非冻融条件下的 K_d 值也均小于湿地土壤;相比旱地表层土,冻融作用使湿地土壤的吸附能力增加得更多。农业开垦活动使得土壤表层土中的有机质含量减少,CEC 值减小,从而导致土壤的吸附量减少,对养分的保有能力下降。

　　(2) 对于旱地土壤,在相同的融雪或降水及植被覆盖、作物管理措施下,冻融作用使得随土壤溶液形成的空隙水流而迁移的氨氮量在发生冻融后减小为冻融前的 79%;冻融过程增大了径流中的泥沙量,使得随泥沙迁移的氨氮量增加为冻融前的 2.36 倍。冻融作用在机理性模型的产污负荷计算中有不可忽略的影响。

　　(3) 在研究区采取种植灌木植物篱、修筑谷坊等水土保持措施,一方面能减轻春季融雪或降雨造成的水蚀;另一方面也能减小氨氮等养分离子随泥沙而流失的风险。

　　(4) 低浓度 Fe^{2+}(0.70 mg/L)添加下,水田表层土壤对 NH_4^+ 的吸附过程可以用 Langmuir 等温方程较好地进行拟合($R^2 > 0.997$, SE=24.330);拟合参数表明低浓度 Fe^{2+} 的添加使土样对 NH_4^+ 的最大吸附量从 625 mg/kg 增加到 666.7 mg/kg。

　　(5) 高浓度 Fe^{2+}(15.0 mg/L)添加下,水田表层土壤对 NH_4^+ 的吸附过程也能由 Langmuir 等温方程较好地进行拟合($R^2 > 0.999$, SE=23.355);拟合参数显示高浓度 Fe^{2+} 的添加使土样对 NH_4^+ 的最大吸附量从 625 mg/kg 增加到 833.3 mg/kg;但拟合出的曲线进一步表明:当 NH_4^+ 浓度 $C_e \leqslant 30.77$ mg/L 时,高浓度 Fe^{2+} 的加入减小了土壤对 NH_4^+ 的吸附量;而当 NH_4^+ 平衡浓度 $C_e > 30.77$ mg/L时,加入高浓度 Fe^{2+} 则能增大土壤的吸附量。

　　(6) 在实际的农业生产中,若三江平原采用地表水作为农业用水,可以在一定程度上增大土壤对氨氮的最大吸附量;若采用地下水作为农业用水,则在土壤溶液中 NH_4^+ 浓度 $C_e > 30.77$ mg/L 的情况下,能增大水田表层土,减小其流失风险。

参 考 文 献

韩晓增,王守宇. 2011. 中国生态系统定位观测与研究数据集. 农田生态系统卷. 黑龙江海伦站：2000—2008. 北京：中国农业出版社.

刘昌明,夏军,于静洁. 2007. 东北地区有关水土资源配置、生态与环境保护和可持续发展的若干战略问题研究. 生态与环境卷：东北地区水与生态-环境问题及保护对策研究. 北京：科学出版社.

区自清,姜良青,金海燕,姜霞,张懑,高继红. 1999. 大孔隙和优先水流及其对污染物在土壤中迁移行为的影响. 土壤学报,36(3)：341-347.

王恩姮,赵雨森,陈祥伟. 2010. 季节性冻融对典型黑土区土壤团聚体特征的影响. 应用生态学报,21(4)：889-894.

王文成,吴德礼,马鲁铭. 2007. 天然铁基矿物修复土壤的机制. 江苏环境科技,20(2)：127-133.

谢鹏,蒋剑敏,熊毅. 1988. 我国几种主要土壤胶体的 NH_4^+ 吸附特征. 土壤学报,25(2)：175-183.

Borggaard O K. 1983. The influence of iron oxides on phosphate adsorption by soil. Journal of Soil Science, 34(2)：333-341.

Chao T T, Harward M E, Fang S C. 1964. Iron or aluminum coatings in relation to sulfate adsorption characteristics of soils. Soil Science Society of America Journal, 28(5)：632-635.

Hsu P H. 1963. Adsorption of phosphate by aluminum and iron in soils. Soil Science Society of America Journal, 28(4)：474-478.

Shuman L M. 1988. Effect of removal of organic matter and iron-or manganese-oxides on zinc absorption by soil. Soil Science Society of America Journal, 146(4)：215-295.

第4章 农业活动胁迫下土壤氮素动态
变化驱动机制研究

固存在农田土壤中的氮素是地球氮循环的重要组成部分,不仅能有效提高土壤肥力,增加作物产量,保持农业生态系统的可持续性,而且能减少温室气体的自然排放,抵消部分人为排放。正是由于土壤氮素的这种重要性,许多学者开展了大量关于不同气候条件下不同类型土壤中氮素的控制的探索,如长季节栽培/短周期栽培,适宜的耕作模式和种植密度(Drinkwater et al.,1998;Kanchikerimath and Singh,2001;Halvorson et al.,2002;Heenan et al.,2004;Sainju et al.,2008;Mazzoncini et al.,2011)。结果表明,影响因素包括:气象条件如温度和降水(Jobbágy and Jackson,2000);地理因素,表现为土壤物理、化学和生物特性(Gami et al.,2009;Sodhi et al.,2009)以及地形条件(Liu et al.,2006);作物产量和排水(Homann et al.,1995);培育期(Liu et al.,2003;Li et al.,2006);农业管理措施,如轮作、耕作方式和频率、氮肥施用、植物收获以及作物覆盖(Halvorson et al.,2002;Russell et al.,2005)。不同的地区,其气候特点和农业实践制度不同,影响氮素水平的主导因素也不同。因此,有必要研究长期传统耕作模式下影响土壤耕作层总氮含量动态变化的决定性因素。

4.1 氮素变化驱动机制研究理论基础

4.1.1 阶乘实验

阶乘实验属于析因设计(factorial design),是将两个或两个以上因素及其各种水平进行排列组合、交叉分组的实验设计。该设计可以检验各因素内部不同水平间有无差异,还可检验两个或多个因素间是否存在交互作用,是一种多因素多水平交叉分组进行全面实验的设计方法,它可以研究两个或两个以上因素多个水平的效应,也可研究各因素之间是否有交互作用,同时还可找到最佳组合。若因素间存在交互作用,表示各因素不是独立的,一个因素的水平发生变化,会影响其他因素的实验效应;反之,若因素间不存在交互作用,表示各因素是独立的,任一因素的水平发生变化,不会影响其他因素的实验效应。在进行析因设计时,研究者首先为每个因素选定一定数目的水平,然后在全部可能的水平组合下进行实验。例如,2个因素同时进行实验,每个因素取 2 个水平,实验的总组合数为 $2^2 = 4$;如果水平为

3,则有 $3^2 = 9$ 种组合数;若有 3 个因素,每个因素取 4 个水平,则有 $4^3 = 64$ 种组合数以进行实验。

如果在一次实验中,当一个因素的水平间的效应随其他因素的水平不同而变化时,因素之间就存在交互作用,析因设计可以分析多种交互作用,两个因素间的交互作用称为一级交互作用,三个因素间的交互作用称为二级交互作用,4 个因素间的则称为三级交互作用,依此类推乃至更高级的交互作用。例如,观察三个因素的效应,其一级交互作用为:A×B,A×C 与 B×C,二级交互作用为 A×B×C。当析因设计因素与水平过多时,会使交互作用分析内容繁多,计算复杂,而且带来专业解释的困难,故多用简单的析因设计,一般要求处理因素最好在 4 个以内,各因素包括的水平数不宜划分得过细,其中两水平析因设计是重要的一种,因其实验次数少,在研究之初当有大量因素需要进行筛选时特别有效。在析因设计中,每个因素各水平的选择取决于研究目的,如仅想了解因素的主次及两因素有无交互作用,可将水平设为有、无;如欲探讨两因素的最佳组合,则以两个实际剂量作为两个水平。

析因设计的优点主要是:①同时观察多个因素的效应,提高了实验效率;②能够分析各因素间的交互作用;③容许一个因素在其他各因素的几个水平上来估计其效应,所得结论在实验条件的范围内是有效的。析因设计的特点有:①实验中涉及 m 个实验因素($m \geqslant 2$)。②所有 m 个实验因素的水平都互相搭配,构成 s 个实验条件(s 为 m 个因素的水平数之积)。③在每个实验条件下至少要做 2 次独立重复实验,即总实验次数 $N \geqslant 2s$。④做实验时,每次都涉及全部因素,即因素是同时施加的。⑤进行统计分析时,将全部因素视为对观测指标的影响是同等重要的,即因素之间在专业上是地位平等的,具体体现在分析每一项(包括主效应和交互效应)时所用的误差是相同的,它被称为模型的误差项。析因设计的资料分析采用方差分析,当有交互作用时,主效应不能反映该因素的真实作用,因此要计算一个因素在另一因素的某一特定水平上的效应(张文彤和董伟,2004)。

4.1.2　广义线性模型原理

广义线性模型是经典正态线性模型的推广和扩展,它使总体均值通过一个非线性连接函数而依赖于线性预测值,同时还允许响应概率分布为指数分布族的任何一员。事实上,许多广泛应用的统计模型均属于广义线性模型,包括带正态误差的经典线性模型二元数据的对数和概率单位模型,以及多项数据的对数线性模型。此外,对于其他许多有用的统计模型,当选择合适的连接函数和响应概率分布时,也可表示为广义线性模型(王丽萍和马林茂,2002)。

一个传统的线性模型具有如下形式:

$$y_i = X'_i\beta + \varepsilon_i \tag{4-1}$$

式中，y_i 是因变量的第 i 次观测；X_i 是协变量，它是一个列向量，表示第 i 次观测数据，由实验设计可以知道，并且认为是固定的或非随机的；未知系数向量 β 是通过对数据 y 的最小二乘拟合估计出来；假定 ε_i 是均值为零，方差为常数的独立正态随机变量。y_i 的期望值用 μ_i 表示，则有：

$$\mu_i = X'_i\beta \tag{4-2}$$

尽管传统的线性模型广泛地应用于统计数据分析中，但它不适合处理如下几类问题：①将数据分布假设为正态分布的这一点并不合理；②当数据的均值实质上是限制在一定的范围内时，传统的线性模型就不适用了，因为线性预测值 $X'_i\beta$ 可以取任意值；③假定数据的方差对于所有观测都是一个常数，但这一点并不现实。广义线性模型扩展了传统的线性模型，因此它适用于更广范围的数据分析问题。

一个广义线性模型包括以下组成部分：

(1) 线性部分的定义与传统线性模型的定义是相同的，

$$\eta_i = X'_i\beta \tag{4-3}$$

(2) 一个单调可微的连接函数 g 描述了 y_i 的期望值是如何与线性预测 η_i 相关联的，

$$g(\mu_i) = X'_i\beta \tag{4-4}$$

(3) 因变量 y_i 对于 $i=1, 2, \cdots$ 是相互独立的，并且具有指数概率分布。这意味着因变量的方差通过一个方差函数 V 依赖于均值 μ，

$$\mathrm{Var}(y_i) = \Phi V(\mu_i)/\omega_i \tag{4-5}$$

式中，ω_i 为给定的每一个观测权的值。离散性参数 Φ 是一个常数，它或者已知（比如对于二项分布）或者必须被估计出来。

正如传统线性模型一样，拟合的广义线性模型也可以通过一些统计量加以概括总结。例如，参数估计值及其标准差拟合优度统计量。此外，还可以用置信区间和假设检验对参数做出统计推断。由于得不到精确的理论分布或者得到的分布并非对所有的广义线性模型都适用，所以对于特殊的统计推断过程往往都是以渐近考虑为基础。

4.2　因子阶乘实验设计及数据获取

4.2.1　因子筛选及长期观测模式设计

对 1965～2008 年八五九农场的数据资料进行统计，按其发展过程将其分为两个阶段，即 1983 年前和 1983 年后。1983 年受国家农业政策的鼓励，该地区大量的干旱山地被转换成水稻田。事实上，由于 1984～2004 年间没有观察资料，我们研究的时期分为两个时间段，即 1965～1983 年长期观测和 2005～2008 年短期观

测。根据实际情况,对这两个时间段的气象条件、地理因素、作物管理、栽培制度等因素及其子因素进行了统计分析,结果见表 4-1 和表 4-2。气候条件选择年均气温(AT)、年均降水量(AP)和年均无霜期(NFP)三个指标。我们将当地气象站记录的年均值与实验周期的长期观测阶段和短期观测阶段的平均值进行比较,分别将其定义为低年均气温(LAT)和高年均气温(HAT)、低年均降水量(LAP)和高年均降水量(HAP)、短年均无霜期(SNFP)和长年均无霜期(LNFP)。地理因素包括土壤类型(ST)和地势条件(TEP)。八五九农场的耕种土壤主要有三大类,即草甸白浆土(ST1,A_h-E-B_t-C_g horizons)、沼泽草甸土(ST2,A_h-AB_g-B_r horizons)、草甸土(ST3,A_h-E-B_g-C_g horizons),分别占农业种植面积的 66%、20%、10%。按照采样地点的坡面,地势条件(TEP)可分为三种:下坡(LTEP)、中坡(MTEP)、上坡(UTEP)。

表 4-1　八五九农场 1965～1983 年长期观测期间潜在影响因子数据的统计描述

	n	Max	Min	Ave	Std	CV/%
连续变量						
AT/℃	19	3.9	1.1	2.2	0.67	30
AP/mm	19	837.1	386.1	555.3	116.3	21
NFP/d	19	157	105	137	13	9
CRP(无量纲)	19	1.91	0.65	1.39	0.33	24
CY/(kg/hm²)	19	2526	205.5	1385.9	502.7	36
FU/(kg N/hm²)	9	357	35.8	142.3	102.6	72
分类变量	种类 1		种类 2		种类 3	
ST	草甸白浆土		草甸沼泽土		草甸土	
TEP	下坡		中坡		上坡	
CS	小麦-小麦-大豆		小麦-油菜/休耕-大豆		玉米-高粱	
CUP	长期		中期		短期	

注:AT,年均气温;AP,年均降水量;NFP,年均无霜期;CRP,优势作物种植比例(小麦/大豆);CY,作物单位产量;FU,施肥水平;CS,作物种植体系;CUP,开发历时;TEP,地势条件;ST,土壤类型;n,观测年数;Max,最大值;Min,最小值;Ave,平均值;Std,标准偏差;CV,变异系数。

影响栽培管理的因素有作物种植体系(CS)、优势作物种植比例(CRP)、作物单位面积产量(CY)。1965～1983 年间,单季作物有三种种植模式:小麦-小麦-大豆三年轮作(CS1)、小麦-油菜/休耕-大豆三年轮作(CS2)、玉米-高粱两年轮作(CS3)。同样,2005～2008 年种植模式有两种:水稻(PR)和旱地(DC)。整个观察期块田持续实行轮作。在 CS2 种植模式下,油菜/休耕阶段没有收获,每三年施一次氮肥,从而通过增加常规耕作(CT)的遮盖作物来增加生物量。当地休耕时期主

表 4-2　八五九农场 2005～2008 年短期观测期间潜在影响因子数据的统计描述

	n	Max	Min	Ave	Std	CV/%
			连续变量			
AT/℃	4	4.4	2.9	3.6	0.65	18
AP/mm	4	504.5	436.9	473.7	28.98	6
NFP/d	4	150	135	143	6.48	5
FU/(kg N/hm²)	4	120	74.55	97.39	19.54	20
分类变量		种类 1		种类 2		种类 3
ST		草甸白浆土		草甸沼泽土		草甸土
CS		水稻		小麦-大豆		
CUP		长期		中期		短期

注：AT，年均气温；AP，年均降水量；NFP，年均无霜期；ST，土壤类型；CS，作物种植体系；FU，施肥水平 CUP，开发历时。

要的覆盖植被为三棱草(＝蔗草)、香附子、大叶章。优势作物种植比例的计算依据种植面积的比例：小麦占 90%，玉米占 10%。不论作物类型，整个种植区域平均每年每公顷产量定义为作物单位面积产量(CY)。与多年平均值对比后，将优势作物种植比例(CRP)和作物单位面积产量(CY)进一步分为低种植比例(LCRP)和高种植比例(HCRP)，以及低单产量(LCY)和高单产量(HCY)。优势作物种植比例通常取决于当地的政策以及气候状况。尽管如此，缺乏排水和灌溉设施导致干旱和洪涝灾害发生，进而导致作物种植比例的年际变化。

栽培制度包括 1965～1983 年间两种肥料利用(FU)模式：(FU1：不施用化肥，施用少部分有机肥；FU2：施用化肥和作物秸秆)(表 4-1)；各年份相对 2005～2008 年短期观测阶段平均值的施肥量(LFU：低施肥量；HFU：高施肥量)(表 4-2)；栽培期(CUP)长短。由于缺少化肥，1975 年以前，主要农作物播种前或者不施肥，或者只能施用少量有机肥如人畜粪便、家禽粪便。自 1975 年以来，开始施用粒状重过磷酸钙、尿素、磷酸二铵，尿素从 1976 年起开始施用。从那时起，有机肥几乎不再施用。伴随着种植模式的变化(小麦化肥拌种、大豆和水稻种前施肥、玉米和谷子沟施肥料)，施肥量显著增加(旱作农田从 1975 年的每年 35.85kg/hm² 氮肥增加到 1983 年的每年 357kg/hm² 氮肥；从 2005 年的每年 75.55kg/hm² 氮肥增加到 2008 年的每年 120kg/hm² 氮肥)。耕地依照耕作持续时间分为长栽培期(LCUP)、中栽培期(MCUP)、短栽培期(SCUP)，其开始种植的时间分别为：1958/1959 (25 年)、1969/1970 (14 年)、1978 (5 年)。

如连续进行常规耕作，则使用条播机播种主要作物，四月中旬播种小麦，五月初播种大豆，五月末播种玉米和谷子。如采取轮作的方式，则在十月末作物收获后，用铧式犁将覆盖作物、前茬作物残茬以及杂草一并埋进 18～20 cm 的浅层土壤中,然后用盘型耙和茎秆切碎机将其粉碎,再用大田中耕机将地平整好,为来年夏季种植作物做好准备。1977 年以前,除草只有一种方式,就是人工锄地。1978 年以后,杂草的生长可通过其他方式来控制:抗微管蛋白、抗雌性激素、应用叶面活性除草剂如播种前用氟乐灵、播种后用草多胺、出苗后用烯禾啶。主要农作物喷洒适宜的有机磷杀虫剂,如敌敌畏和敌百虫。

1965～1983 年,结合土壤类型、种植模式、栽培周期,在整个农场中共选择了 54 块长 100～120 m,宽 50～60 m 的地块作为试验田。分别从土壤坡面的上、中、下三个位置取土样,即三种地形状况;根据每个年份的数据记录其他影响因素并进行计算和分类。2005～2008 年,结合土壤类型、栽培周期,在整个农场中共选择了长 60～80 m、宽 50～60 m 的水稻田 27 块、旱田 18 块作为试验田,根据每个年份的数据记录其他影响因素并进行计算和分类。持续在同一个块进行观察,以评估长期或短期的效果。

4.2.2　土壤样品采集与测试

在 1965 年、1974 年、1978 年、1979 年、1981 年、1983 年、2005 年、2006 年、2007 年、2008 年分别进行采样。每年十月中旬,当年作物已收获,来年作物栽种前,用手动钢探头(内径6.5 cm)从 0～20 cm 深的土壤耕层中采集土壤样品,同时测定每个样品的土壤容重。每个试验地块随机取 10 个土样,去除其中的作物残茬后充分混合成一个样品,作为该地块的土样。共采集土样 504 个。将采集到的土样送至实验室,风干、研磨、过筛(2 mm 筛),为下一步进行化学分析做好准备。总氮的测定采用改良的微量凯氏定氮法。取一定的土壤样品溶于加热沸腾的浓硫酸中,蒸馏,并用硼酸溶液收集其中的铵,然后用混合指示剂指示,用硫酸滴定。将土壤有机碳和总氮的浓度增量和土壤容重相乘计算出有机碳汇量和氮汇量。

4.2.3　数据处理与统计分析

采用 SPSS 13.0 对数据进行处理。分析之前用 Levene 检验评估方差齐性。采用方差分析检验不同影响因子的有机碳、总氮以及碳氮比的差异。应用广义线性模型(GLM)分析因子的平均影响极其交互作用。不同年份连续变量变化很大,因此将特定年份定义为特定变量以消除年际变化的影响。相关因子是消除外部相互作用的协变量。模型中同时引入土壤有机碳、总氮、碳氮比作为因变量。两组以上或独立样本 t 检验(两侧检验,$P<0.05$)采用费舍尔保护性最小显著差数法($P<0.05$),确定差异性是否显著,用不同的字母进行标注。用数据点的线性拟合表示有机碳和总氮的耦合关系,根据碳氮比的变化趋势确定各因子的相对重要性。采用多元线性回归(MLR)法进行分析,与标准化系数(β)比较,确定因子的作用大小。

4.3　典型气象因子的影响

从长远来看,年均气温和年均降水量对总氮浓度有显著影响(表 4-3)。低年均气温年份的总氮浓度比高年均气温年份高 3.7%;与高年均降水量年份相比,低年均降水量年份的总氮浓度大幅下降 21.7%。年均气温和年均降水量的波动大致呈 U 形曲线,这可能是由肥料的干扰造成的。交互作用中,只有年均降水量×年均无霜期不显著,表明气象条件有直接影响。

表 4-3　气象因子对有机碳、总氮和碳氮比的单一及相互影响(1965~1983 年)

变量	df	SOC	TN	C/N 比值
气象因子 ANOVA				
年均气温(AT)	1	***	***	***
年均降水量 (AP)	1	**	***	***
AT×AP	1	*	**	**
无霜期(NFP)	1	NS	NS	**
AT×NFP	1	*	*	NS
AP×NFP	1	NS	NS	*
AT×AP×NFP	1	NS	*	NS
协变量				
年份	5	***	*	NS
施肥水平(FU)	1	***	***	NS
SOC 和 TN(g/kg)的平均浓度及 C/N 比值				
因子		SOC	TN	C/N 比值
LAT		25.949 a	2.760 a	9.711 b
HAT		25.701 b	2.661 b	10.637 a
LAP		25.565 b	2.448 b	8.869 b
HAP		25.887 a	2.980 a	11.236 a
SNFP		25.975	2.781	9.771 b
LNFP		24.691	2.467	11.066 a

注:LAT,低年均气温;HAT,高年均气温;LAP,低年均降水量;HAP,高年均降水量;SNFP,短无霜期;LNFP,长无霜期。

* 在 $P<0.05$ 水平显著;** 在 $P<0.01$ 水平显著;*** 在 $P<0.001$ 水平显著;NS,不显著。

对同一种影响因素的水平梯度,平均值后不同的小写字母表示在 $P<0.05$ 水平有显著差异(independent sample t-test, 2-tailed)。

　　2005～2008 年间短期观测阶段,气象条件因素及其交互作用对有机碳、总氮及碳氮比的影响不显著(表 4-4)。长期观测阶段的数据的解释率(图 4-1)低于图 4-2所示的短期观测解释率(32.9%～72.1%)。这表明,区域尺度条件下,短期气候条件的影响较弱。2005～2008 年短期观测阶段不同年均气温条件下总氮的变化趋势与 1965～1983 年长期观测阶段相似,年均降水量和年均无霜期条件下趋势相反。

表 4-4　气象因子对有机碳、总氮和碳氮比的单一及相互影响(2005～2008 年)

变量	df	SOC	TN	C/N 比值
气象因子 ANOVA				
年均气温(AT)	1	NS	NS	NS
年均降水量(AP)	1	NS	NS	NS
AT×AP		NS	NS	NS
无霜期(NFP)	1	NS	NS	NS
AT×NFP		NS	NS	NS
AP×NFP		NS	NS	NS
AT×AP×NFP		NS	NS	NS
SOC 和 TN(g/kg)平均浓度及 C/N 比值				
因子		SOC	TN	C/N 比值
LAT		20.919	2.085	10.407
HAT		23.282	1.984	11.784
LAP		22.188	2.012	11.064
HAP		23.132	2.004	11.758
SNFP		22.962	1.999	11.759
LNFP		22.559	2.012	11.295

　　注:LAT,低年均气温;HAT,高年均气温;LAP,低年均降水量;HAP,高年均降水量;SNFP,短无霜期;LNFP,长无霜期。NS,在 $P<0.05$ 水平不显著(independent sample t-test,2-tailed)。

　　长期栽培条件下,随年均气温的升高,有机碳和总氮含量显著下降;随年均降水量的增大,有机碳和总氮含量显著增大(表 4-3),这与前人的研究结果一致(Alvarez,2005;Davidson and Janssens,2006)。随着年际变化年均气温和年均降水量变化趋势无明显特征,导致有机碳和总氮变化趋势无明显特征。但是年均气温每增加 1℃,碳汇量每公顷增加 481.2 kg,氮汇量每公顷增加 100.8 kg(表 4-3和图 4-1)。同时,年均降水量每增加 1 cm,碳汇量每公顷增加 6.04 kg,氮汇量每公顷增加 1.62 kg。

　　在这种特定的北方气候条件下,有机碳主要受年均气温的影响,总氮主要受年

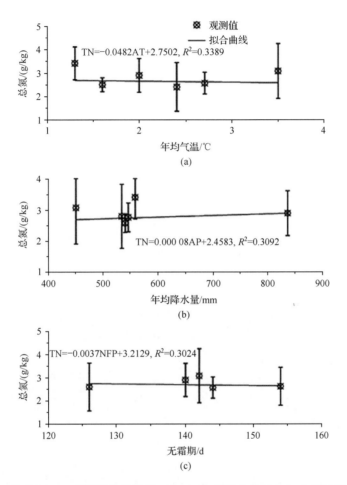

图 4-1　土壤总氮(TN)含量随年均气温(AT,a)、年均降水量(AP,b)和无霜期(NFP,c)
的变化趋势及拟合曲线(1965~1983 年)

均降水量的影响(表 4-3 和图 4-1)。这一发现证实了季节性冻融土壤中有机碳和
总氮的分解和矿化过程对温度和湿度的敏感性不同(Herrmann and Witter,
2002；Davidson and Janssens，2006；Dessureault-Rompré et al.，2010)。气候变
化的影响通常表现在几个方面,尤其是温度和降水。因此,每个气候区都有其土壤
有机质分解范围(Causarano et al.，2008)。我们的试验结果证明,该结论在季节
性冻融土壤中完全适用,年均气温和年均降水量分别起着十分重要的作用。但是
在短期监测阶段,年均气温和年均降水量的影响并不显著。气温和降水类型通常
能够表征有机碳和总氮以及碳氮比的特点,尤其是在大尺度条件下更是如此。但
是短期监测过程中没有明显体现这一特性(表 4-4 和图 4-2)。
　　年均无霜期对有机碳和总氮的浓度没有显著影响,但与短年均无霜期相比,长

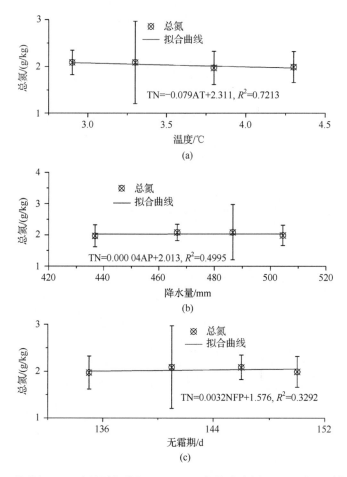

图 4-2　土壤总氮(TN)含量随年均气温(AT,a)、年均降水量(AP,b)和无霜期(NFP,c)
的变化趋势及拟合曲线(2005～2008 年)

年均无霜期普遍能够减小二者的浓度(表 4-3)。较短的无霜期往往伴随着较低的
空气和土壤温度,阻碍了作物对养分的吸收、分解和矿化,从而阻碍碳和氮的转移
和损失(Davidson and Janssens,2006;Dessureault-Rompré et al.,2010;Mazz-
oncini et al.,2011)。在我们的试验中,年均无霜期每减少 10 d,碳汇量平均每公
顷增加 1.96 kg,氮汇量平均每公顷增加 0.95 kg。同 2005～2008 年间的年均气
温和年均降水量相似,年均无霜期在短期监测阶段无明显影响(表 4-4 和图 4-2)。

4.4　特征地理条件因子的影响

在所有的时间段,不同地形条件的总氮浓度不同,但不同土壤类型的总氮浓度并非如此(表 4-5,表 4-6)。草甸白浆土的总氮浓度最大,但是随着差异的减小而逐渐下降(图 4-3)。与试验初期相比,下坡对氮损失的缓解降低了 4.2%,中坡的总氮浓度减小了 5.3%,上坡减小了 6.4%(表 4-5 和图 4-4)。观察发现,土壤类型和地形条件交互作用仅在最开始时较为显著。

表 4-5 地理条件因子对土壤总氮(TN)含量变化的影响极其交互作用(1965~1983 年)

变量	df	TN		
		1965 年	1983 年	长期
地理条件因子 ANOVA				
土壤类型(ST)	2	NS	NS	NS
坡位(TEP)	2	***	*	*
ST×TEP	4	***	NS	NS
协变量				
年份	5			NS
施肥制度(FU)	1			NS

土壤总氮(TN)平均含量/(g/kg)			
因子	TN		
	1965 年	1983 年	长期
ST1	3.337	2.964	2.747
ST2	3.043	2.897	2.663
ST3	3.223	2.947	2.682
LTEP	3.279 a	3.143 a	2.850 a
MTEP	3.130 b	2.963 b	2.811 ab
UTEP	3.066 b	2.869 c	2.647 b

注:ST1,ST2 和 ST3 分别表示草甸白浆土,草甸沼泽土和草甸土;下同。

LTEP、MTEP 和 UTEP 分别表示下坡、中坡和上坡。

* 、** 和 *** 分别表示在 $P < 0.05$、$P < 0.01$ 和 $P < 0.001$ 水平有显著性差异;NS, 无显著差异;对于每个因子,同列内总氮含量平均值后的不同小写字母表示在 $P < 0.05$ 水平有显著性差异(Fisher's protected LSD test; independent sample t-test, 2-tailed)。

不考虑种植模式,与草甸白浆土相比,草甸土的有机碳和总氮浓度分别提高了 15.8% 和 1.7%。从时间数据来看,所有土壤类型条件下,总氮水平普遍下降。

与沼泽草甸土和草甸土相比,草甸白浆土的总氮浓度较高,但是差异并不显著,且随着时间的推移,所有土壤类型的总氮水平均显著下降(表 4-5)。从每年的数据以及整个研究期来看,总氮含量随时间的变化呈 U 形曲线,这与 Liu 等(2003)的研究结果一致。不同的土壤类型中总氮的变化不明显。与高地形和中间地形相比,低地形对总氮浓度的影响较为显著。低地形条件下,总氮浓度显著增加。

表 4-6　地理条件因子和作物管理因子对土壤总氮(TN)水平的影响(2005～2008 年)

变量	df	TN
地理条件因子 ANOVA		
土壤类型(ST)	2	NS
作物管理因子 ANOVA		
轮作制度(CS)	1	**
总氮含量平均值(g/kg)		
因子		TN
ST1		2.020
ST2		1.928
ST3		2.054
PR		1.958
DC		2.141

注：ST1、ST2 和 ST3 分别表示草甸白浆土、草甸沼泽土和草甸土；PR，水田；DC，旱田。

　*、** 和 *** 分别表示在 $P<0.05$、$P<0.01$ 和 $P<0.001$ 水平有显著性差异；NS，无显著差异；对于每个因子,同列内总氮含量平均值后的不同小写字母表示在 $P<0.05$ 水平有显著性差异(Fisher's protected LSD test；independent sample t-test，2-tailed)。

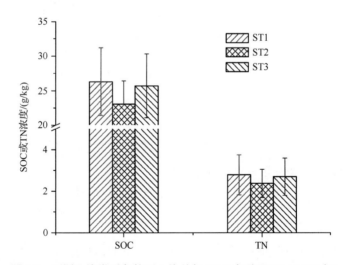

图 4-3　不同土壤类型条件下土壤总氮(TN)水平(1965～1983 年)

　　具体而言,土壤中溶解性氮素的变化趋势与解冻水的水文过程显著相关(Eimers et al.，2008)。在春季季节性冻土解冻时,该过程对不同坡位总氮的转化和运移影响尤其显著。不同地形条件下,也观察到了总氮随时间变化的 U 形曲线。总氮的显著下降(图 4-4)导致碳固存率从 -18.3 kg/(hm² · a)上升到

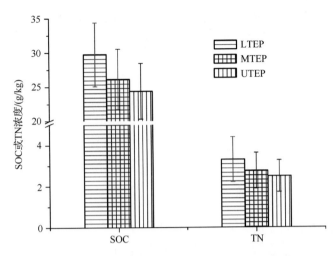

图 4-4　不同坡位条件下土壤总氮(TN)水平(1965～1983 年)

116.2 kg/(hm² · a),氮固存率从−21.8 kg/(hm² · a)上升至−15.0 kg/(hm² · a),表明氮短缺很可能是由氮严重损失和施肥不当引发的,这与前人在其他气候条件下的研究结果一致(Sainju et al.,2008;Mazzoncini et al.,2011)。这一结果同时证实了自 2006 年以来中国实施以提高粮食产量为目标的土地平整计划对促进土壤氮固存的积极作用。

4.5　种植制度因子的影响

所有的作物管理因素以及种植模式和优势作物种植比例协同作用均能显著影响总氮浓度(表 4-7)。与对照模式 CS1(小麦-小麦-大豆三年轮作)相比,CS2(小麦-油菜/休耕-大豆三年轮作)模式下总氮浓度增加了 4.7%,CS3(玉米-高粱轮作)模式比对照组 CS1 低 3.6%(图 4-5)。相对于高种植比例,低种植比例下总氮浓度增加了 7.9%(表 4-7)。但是,从图 4-5 可以看出,高种植比例的总氮浓度并不总是较低,这可能与其他干扰因素的存在有关。由图 4-6 可知,除去涝害(作物单位面积产量为 205 kg/hm²)时的反常现象外,总氮浓度和作物单位面积产量呈现显著正相关($P<0.01$,2-tailed t test)。

与对照组相比,轮作中加入油菜/休耕的模式中有机碳和总氮水平显著增加(表 4-7)。已有的解释是,覆盖作物作为绿肥施入土壤有利于有机碳和总氮的固存,降低土壤侵蚀的可能(Kanchikerimath and Singh,2001;Malhi and Lemke,2007)。但据 Sainju 等(2008)的研究报道,在免耕的休耕模式下,结果相反,即有

表 4-7　作物管理因子对于土壤总氮(TN)水平的影响极其交互作用(1965～1983 年)

变量	df	TN
作物管理因子 ANOVA Ⅰ		
轮作制度(CS)	2	***
作物面积比(CRP)	1	***
CS×CRP	2	**
协变量		
年份	5	***
施肥制度(FU)	1	***
作物管理因子 ANOVA Ⅱ		
单位面积产量 (CY)	1	***
协变量		
年均气温(AT)	1	NS
年均降水量(AP)	1	**
无霜期(NFP)	1	***
施肥强度(FU)	1	**

土壤总氮含量平均值(g/kg)	
因子	TN
CS1	2.620 c
CS2	2.783 a
CS3	2.687 b
LCRP	2.781 a
HCRP	2.577 b
LCY	2.524 b
HCY	2.845 a

注：CS1、CS2、CS3 分别表示小麦-小麦-大豆、小麦-油菜/休耕-大豆和玉米-高粱三种轮作系统；LCRP 和 HCRP 分别表示低和高作物面积比例(小麦/大豆)；LCY 和 HCY 分别表示低产量和高产量。

　　*、** 和 *** 分别表示在 $P<0.05$、$P<0.01$ 和 $P<0.001$ 水平有显著性差异；NS，无显著差异；对于每个因子，同列内总氮含量平均值后的不同小写字母表示在 $P<0.05$ 水平有显著性差异(Fisher's protected LSD test；independent t-test，2-tailed)。

机碳和总氮水平下降。事实上，在小麦-油菜/休耕-大豆三年轮作模式中，油菜并未被收割，而是作为绿肥直接施入地块中。此外，这里的休耕指的是铧式犁犁过，与 Sainju 等(2008)试验中的土地休耕整一年的处理不同。覆盖植物被犁入浅层土壤中，成为碳和氮的来源。由于高土壤矿化率的抵消和绿肥/休耕覆盖避免作物吸收使流失减少，以及降解速率下降和还田生物量增加共同促进了总氮的积累

(Halvorson et al.，2002；Mazzoncini et al.，2011)。将小麦-小麦-大豆三年轮作模式改为小麦-油菜/休耕-大豆三年轮作模式,19 年间有机碳汇和总氮汇增量分别为 6.3 Mg/hm² 和 1.6 Mg/hm²(图 4-6)。Sainju 等(2008)研究认为,由于连作加大了碳和氮的循环,所以比休耕更能增加碳汇和氮汇量。因此,在我们的试验区域,推荐使用当前轮作模式的休耕安排。在本书的研究中,考虑水稻田和旱田灌溉模式不同,导致土壤水分状况不同,其生物化学过程也就不同(De Gryze et al.，2004),种植模式对总有机碳和总氮变化的解释率分别为 31.6% 和 37.1%。

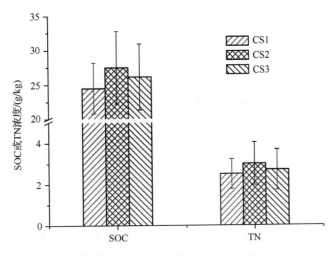

图 4-5　不同作物轮作制度条件下土壤总氮(TN)含量变化(1965～1983)

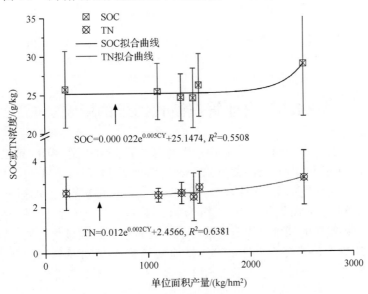

图 4-6　土壤总氮(TN)含量与作物单位面积产量之间的关系(1965～1983)

作为作物收获导致养分流失的主要形式,作物单位面积产受年均降水量、年均无霜期以及肥料利用模式的影响,与有机碳和总氮水平显著相关,但在无霜期间,年均气温对作物单位面积产量无显著影响(图 4-7)。Mazzoncini 等(2011)做了一项长期施氮肥的试验,发现小麦-玉米-小麦-向日葵四年轮作模式下,作物平均每公顷每年从土壤中带走 100~120 kg N,占到我们试验氮输入的 69%~83%。Mazzoncini 等(2011)认为,每公顷土壤每年氮淋溶和挥发为 5~40 kg,按照这一数据,当前的施肥量是不够的。

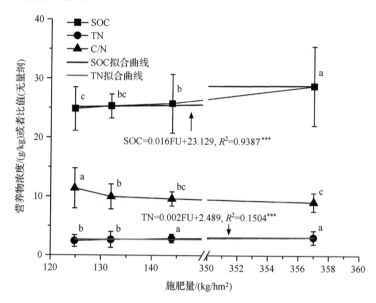

$SOC=0.016FU+23.129, R^2=0.9387^{***}$

$TN=0.002FU+2.489, R^2=0.1504^{***}$

图 4-7　土壤总氮(TN)含量随施肥强度的变化趋势(1965~1983 年),平均值处标注的不同小写字母表示在 $P<0.05$ 水平有显著性差异(Fisher's protected LSD test)

4.6　农业管理模式因子的影响

与第一种肥料利用模式(不施用化肥,施用少部分有机肥)相比,第二种肥料利用模式(施用化肥和作物秸秆)使氮浓度显著增加了 14.3%(表 4-8),表明氮肥的肥效较快。多元线性模型分析结果表明,年均气温和年均降水量的影响比种植模式大。肥料利用模式从第一种转换为第二种时,增施氮肥促进土壤氮积累(图 4-8)。长耕作历时和中耕作历时条件下耕地的总氮浓度显著增加,短耕作历时耕地的总氮浓度略有下降(图 4-9)。耕地栽培期长短对总氮浓度无显著影响(表 4-9)。但是不管是哪种地形状况和土壤类型,长期栽培的耕地中,总氮有累积的趋势。

表 4-8　农业管理模式因子对土壤总氮水平的影响及交互作用（1965～1983 年）

变量	df	TN
农业管理模式因子 ANOVA Ⅰ		
施肥强度（FU）	1	***
协变量		
轮作制度（CS）	2	NS
年份	5	**
年均气温（AT）	1	***
年均降水量（AP）	1	***
无霜期（NFP）	1	NS
农业管理模式因子 ANOVA Ⅱ		
耕作历时（CUP）	2	NS
协变量		
土壤类型（ST）	2	NS
坡位（TEP）	2	NS
总氮平均值（g/kg）		
因子		TN
FU1		2.448 b
FU2		2.799 a
LCUP		3.142
MCUP		2.920
SCUP		2.715

注：FU1，无化肥施用仅有少量有机肥；FU2，化肥施用及秸秆还田；LCUP、MCUP 和 SCUP 分别表示短期、中期和长期耕作历时。

*、** 和 *** 分别表示在 $P<0.05$、$P<0.01$ 和 $P<0.001$ 水平有显著性差异；NS，无显著差异；对于每个因子，同列内总氮含量平均值后的不同小写字母表示在 $P<0.05$ 水平有显著性差异（Fisher's protected LSD test；independent sample t-test，2-tailed）。

2005～2008 年短期观测阶段，高施肥量通过增加氮输入直接使氮水平增加了 14.3%（表 4-9）。作为主要的影响因子，肥料利用模式对有机碳和总氮变化的解释率分别为 52.8% 和 45.3%。2005～2008 年的数据表明，耕地栽培期长短只对总氮有显著影响（表 4-9），长栽培期耕地的总氮浓度比中栽培期和短栽培期耕地分别高 10.8% 和 19.6%。肥料利用模式和耕地栽培期对有机碳和总氮变化趋势的影响在短期观测阶段和长期观测阶段是一致的。

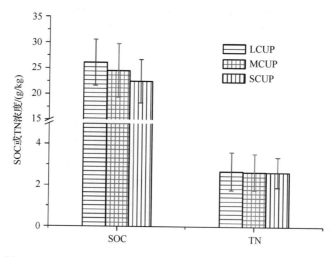

图 4-8　土壤总氮(TN)含量随耕作历时的变化状况(1965～1983)

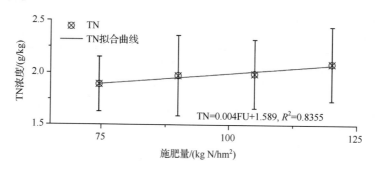

图 4-9　土壤氮素(TN)含量随施肥强度的短期动态变化趋势(2005～2008 年)

　　在目前的条件下,从长远来看,土壤耕作层的有机碳和总氮的变化和氮肥施用呈显著正相关(图 4-8 和表 4-8)。全球范围内的作物残茬施入土壤和增施化肥导致有机碳和总氮浓度增加(Alvarez,2005)。高施肥量带来作物生物生产量和化学稳定性的增加,导致有机碳和总氮增量加大(Halvorson et al.,2002;Mazzoncini et al.,2011)。在季节性冻融土壤中,肥料利用模式是主要的影响因子,对有机碳和总氮变化的解释率分别为 24.9% 和 31.5%,这可能是由冻融循环对土壤团聚及周转的相互作用导致的。化肥和作物堆肥的施用增加了土壤大颗粒的比例,有利于碳和氮的稳定(Sodhi et al.,2009)。冻融循环对大颗粒的影响大于微团聚体,这种影响在逐次循环中得以累积,从而降低了土壤团聚体稳定性(Oztas and Fayetorbay,2003;Six et al.,2004)。这种对土壤团聚体的物理破坏往复进行强化了肥料利用模式的作用。

表 4-9　农业管理模式因子对土壤总氮(TN)含量的短期影响及其交互作用(2005~2008 年)

变量	df	TN
农业耕作模式因子 ANOVA		
施肥强度(FU)	1	*
耕作历时(CUP)	2	*
FU×CUP	2	*
土壤总氮含量平均值(g/kg)		
因子		TN
LFU		1.884 b
HFU		2.185 a
LCUP		2.260 a
MCUP		2.040 b
SCUP		1.890 c

注：LFU 和 HFU 分别表示低和高施肥强度；LCUP、MCUP 和 SCUP 分别表示短期、中期和长期耕作历时。

*、** 和 *** 分别表示在 $P<0.05$、$P<0.01$ 和 $P<0.001$ 水平有显著性差异；NS，无显著差异；对于每个因子，同列内总氮含量平均值后的不同小写字母表示在 $P<0.05$ 水平有显著性差异(Fisher's protected LSD test；independent t-test，2-tailed)。

　　事实上，考虑到总氮当前浓度和外源输入，19 年间每年每公顷增加 17 kg 氮对保持表层土的总氮水平而言是必要的。短期观测阶段也得出了相似的结论(图 4-9)。相比低施肥量，高施肥量使得每公顷多增加 4.96 Mg C 和 632 kg N(表 4-9)。在长期观测阶段和短期观测阶段的季节性冻土中，肥料利用模式均是氮素变化的主要影响因子(表 4-8 和表 4-9)。单独施用化肥会导致土壤理化性质恶化，从而阻碍有机碳和总氮的积累，加大碳和氮的损失(Malhi and Lemke，2007)。在本书的研究中，从 2005~2008 年，氮肥施用增加了 61%，相应地，有机碳浓度增加了 12%，总氮浓度降低了 5%，这表明高施肥量导致碳和氮损失增加，但是高氮肥施用量促进了土壤中有机质的分解，使得作物残茬成为主要的碳源(Sainju et al.，2008)。

　　1965~1983 年间，随着栽培时间的增加，肥料施用量加大，但耕地栽培期长短对有机碳和总氮的变化并无显著影响(表 4-8)。长栽培期条件下，碳汇量平均比中栽培期和短栽培期每公顷多 2.99 Mg 和 4.74 Mg，氮汇量每公顷多 0.47 Mg 和 0.89 Mg。这表明，与短期栽培相比，长期栽培增加了土壤中的碳汇和氮汇量。在短期观测阶段，长栽培期能够积累更多的有机碳和总氮，这与长期观测阶段一致，表明栽培期长短的影响一般与实际栽培时间长短有关，与观察期长短无关。

4.7　小　　结

本书的研究结果表明,当前条件下,受长期常规栽培的影响,年均气温下降和年均降水量增加均导致碳汇量高于全球均值,但对于氮汇量并非如此。无霜期短有利于碳和氮的储存,这是由于作物吸收降低,冻融持续时间较长。草甸白浆土和较低的地形位置有利于在随时间呈 U 形变化曲线的过程中积累碳和氮。长远来看,与增加养分输入以弥补土壤矿化率高相比,轮作中引入一年油菜/休耕的模式使得碳汇量和氮汇量增加。当有机碳和总氮浓度分别达到 25.7 g/kg 和 2.6 g/kg 的临界值时,作物产量增加。对于局部有机碳和总氮水平,一方增加的同时伴随着另一方的减少,这依赖于小麦和大豆的种植比例。也就是说,优势作物种植比例设置在 0.8~1.4 之间能够使有机碳和总氮浓度达到相对较高的值,同时使作物单位面积产量达到最大。高化肥施用量加上作物残茬施入土壤使得有机碳和总氮显著增加,规律为:每输入 1.33 Mg N/hm² 氮素将使土壤碳含量增加 2.04 Mg C/hm²。相对于 5 年、14 年而言,常规栽培长达 25 年导致了更多的碳汇量和氮汇量。长期观测期间有机碳和总氮浓度的变化规律可用式(4-6)表示:

$$TNvar = -0.4AT + 0.996AP + 0.452TEP + 0.018CS - 0.449CRP$$
$$+ 0.186CY + 1.148FU \tag{4-6}$$

短期观测阶段未观察到有机碳和总氮随气候条件改变而发生变化。与草甸白浆土和草甸沼泽土相比,草甸土水有效性更高,土壤颗粒更细,更有利于有机碳的保持和积累。不论哪种土壤类型,总氮相对容易损失。经过长期栽培,水稻田比旱田每公顷多固存有机碳 3.89Mg,是碳汇和源的重要来源。与旱地比起来,水稻田由于灌溉模式导致土壤长期处于饱和状态加重了氮损失。与低氮肥施用量比起来,高氮肥施用量(>100 kg N/hm²)使得碳汇和氮汇分别增加 4.96 Mg C/hm² 和 632 kg N/hm²,但同时也加大了碳和氮损失的风险。此外,较长的栽培期增加碳汇和氮汇,表现为与实际栽培时间密切相关,而不是与观测时间相关。短期观测期间有机碳和总氮浓度的变化规律可用式(4-7)表示:

$$TNvar = -1.716CS + 2.096FU + 0.815CUP \tag{4-7}$$

1965~1983 年间,肥料利用模式、年均降水量和地形状况对总氮变化的解释率分别为:31.5%、27.3% 和 12.4%。除土壤类型外,其他因素对有机碳和总氮的影响呈现出细微的差异。同样,2005~2008 年短期观测阶段,有机碳和总氮的变化主要与肥料利用模式(对有机碳和总氮的解释率分别为 52.8% 和 45.3%)和种植模式(对有机碳和总氮的解释率分别为 31.6% 和 37.1%)有关。所有因素对有机碳和总氮的影响也呈现出细微的差异。因此,根据影响因子倾向性索引制定适宜的农业决策有利于保持季节性冻土中的碳和氮,有助于减轻耕作对全球变暖的负面影响。

参 考 文 献

王丽萍，马林茂. 2002. 用 SAS 软件拟合广义线性模型. 中国卫生统计，19(1)：50-53.

张文彤，董伟. 2004. SPSS 统计分析高级教程. 北京：高等教育出版社.

Alvarez R. 2005. A review of nitrogen fertilizer and conservation tillage effects on soil organic carbon storage. Soil Use and Management，21：38-52.

Causarano H J, Franzluebbers A J, Shaw J N, Reeves D W, Raper R L, Wood C W. 2008. Soil organic carbon fractions and aggregation in the southern piedmont and coastal plain. Soil Science Society of America Journal，72：221-230.

Davidson E A, Janssens I A. 2006. Temperature sensitivity of soil carbon decomposition and feedbacks to climate change. Nature，440：165-173.

De Gryze S, Six J, Paustian K, Morris S J, Paul E A, Merckx R. 2004. Soil organic carbon pool changes following land-use conversions. Global Change Biology，10：1120-1132.

Dessureault-Rompré J, Zebarth B J, Georgallas A, Burton D L, Grant C A, Drury C F. 2010. Temperature dependence of soil nitrogen mineralization rate: comparison of mathematical models, reference temperatures and origin of the soils. Geoderma，157：97-108.

Drinkwater L, Wagoner P, Sarrantonio M. 1998. Legume-based cropping systems have reduced carbon and nitrogen losses. Nature，396：262-265.

Eimers M C, Buttle J, Watmough S A. 2008. Influence of seasonal changes in runoff and extreme events on dissolved organic carbon trends in wetland-and upland-draining streams. Canadian Journal of Fisheries and Aquatic Sciences，65：796-808.

Gami S K, Lauren J G, Duxbury J M. 2009. Influence of soil texture and cultivation on carbon and nitrogen levels in soils of the eastern Indo-Gangetic Plains. Geoderma，153：304-311.

Halvorson A D, Wienhold B J, Black A L. 2002. Tillage, nitrogen, and cropping system effects on soil carbon sequestration. Soil Science Society of America Journal，66：906-912.

Heenan D, Chan K, Knight P. 2004. Long-term impact of rotation, tillage and stubble management on the loss of soil organic carbon and nitrogen from a Chromic Luvisol. Soil and Tillage Research，76：59-68.

Herrmann A, Witter E. 2002. Sources of C and N contributing to the flush in mineralization upon freeze-thaw cycles in soils. Soil Biology and Biochemistry，34：1495-1505.

Homann P, Sollins P, Chappell H, Stangenberger A. 1995. Soil organic carbon in a mountainous, forested region: relation to site characteristics. Soil Science Society of America Journal，59：1468-1475.

Jobbágy E G, Jackson R B. 2000. The vertical distribution of soil organic carbon and its relation to climate and vegetation. Ecological Applications，10：423-436.

Kanchikerimath M, Singh D. 2001. Soil organic matter and biological properties after 26 years of maize-wheat-cowpea cropping as affected by manure and fertilization in a Cambisol in semiarid region of India. Agriculture, Ecosystems & Environment，86：155-162.

Li X G, Li F M, Rengel Z, Wang Z F. 2006. Cultivation effects on temporal changes of organic carbon and aggregate stability in desert soils of Hexi Corridor region in China. Soil and Tillage Research，91：22-29.

Liu D, Wang Z, Zhang B, Song K, Li X, Li J, Li F, Duan H. 2006. Spatial distribution of soil organic carbon and analysis of related factors in croplands of the black soil region, Northeast China. Agriculture, Ecosystems & Environment, 113: 73-81.

Liu X, Han X, Song C, Herbert S, Xing B. 2003. Soil organic carbon dynamics in black soils of China under different agricultural management systems. Communications in Soil Science and Plant Analysis, 34: 973-984.

Malhi S S, Lemke R. 2007. Tillage, crop residue and N fertilizer effects on crop yield, nutrient uptake, soil quality and nitrous oxide gas emissions in a second 4-yr rotation cycle. Soil and Tillage Research, 96: 269-283.

Mazzoncini M, Sapkota T B, Bárberi P, Antichi D, Risaliti R. 2011. Long-term effect of tillage, nitrogen fertilization and cover crops on soil organic carbon and total nitrogen content. Soil and Tillage Research, 114: 165-174.

Oztas T, Fayetorbay F. 2003. Effect of freezing and thawing processes on soil aggregate stability. Catena, 52: 1-8.

Russell A, Laird D, Parkin T, Mallarino A. 2005. Impact of nitrogen fertilization and cropping system on carbon sequestration in midwestern Mollisols. Soil Science Society of America Journal, 69: 413-422.

Sainju U M, Senwo Z N, Nyakatawa E Z, Tazisong I A, Reddy K C. 2008. Soil carbon and nitrogen sequestration as affected by long-term tillage, cropping systems, and nitrogen fertilizer sources. Agriculture, Ecosystems & Environment, 127: 234-240.

Six J, Bossuyt H, Degryze S, Denef K. 2004. A history of research on the link between (micro) aggregates, soil biota, and soil organic matter dynamics. Soil and Tillage Research, 79: 7-31.

Sodhi G, Beri V, Benbi D. 2009. Soil aggregation and distribution of carbon and nitrogen in different fractions under long-term application of compost in rice-wheat system. Soil and Tillage Research, 103: 412-418.

第5章 土壤氮素负荷水平与耕作及土壤质地响应关系研究

已有研究表明,农田耕作层土壤中的总氮变化与土壤类型密切相关,而不同土壤类型有不同的土壤质地状况。确定 SOC 和 TN 含量与土壤质地的函数关系有助于评估 SOC 和 TN 现状和流失情况,帮助认识在经历长期传统型农业开发活动后土壤质地状况对 SOC 和 TN 变化的影响。

5.1 响应关系研究理论基础

5.1.1 t 检验基础

t 检验是统计学中假设检验的常用方法之一,用 t 分布理论来推论差异发生的概率,从而比较两个平均数的差异是否显著,建立了由小样本计量资料进行统计推断的途径,与 Z 检验、卡方检验并列。

t 检验与样本均属的抽样分布规律密切相关。假设已知一个正态分布的总体 $N(\mu, \sigma^2)$,从中进行抽样研究,每次抽样的样本量为 n,对每个样本均可计算出其均数 $\bar{X}$。由于这种抽样可以进行无限多次,这样样本均数会构成一个分布,该分布为正态分布 $N(\mu, \sigma^2/n)$,即样本均数所在分布的中心位置和源数据分布中心位置相同,其标准差(记为 $\sigma_{\bar{X}}$)为 $\sigma_{\bar{X}} = \sigma/\sqrt{n}$。为了区分样本所在总体的标准差,通常称样本均数的标准差为样本均数的标准误差。即使从偏态总体随机抽样,当 n 足够大时,$\bar{X}$ 也为正态分布。这一规律即为数理统计中的中心极限定理。显然,由于样本均数 $\bar{X}$ 的分布规律为正态分布 $N(\mu, \sigma^2/n)$,此时只需要进行如下的标准化变换:

$$u = \frac{\bar{X} - \mu}{\sigma/\sqrt{n}} \tag{5-1}$$

则 u 服从标准正态分布 $N(0, 1)$,即若资料服从正态分布 $N(\mu, \sigma^2)$,样本含量为 n 的样本均数 $\bar{X}$ 出现在 $\left(\mu - 1.96\frac{\sigma}{\sqrt{n}}, \mu + 1.96\frac{\sigma}{\sqrt{n}}\right)$ 之中的概率为 0.95,这样就完成了对差值的标准化工作,可以具体计算出相应 H_0 总体中抽得当前样本的概率大小,从而做出统计推断结论。但是,$\sigma_{\bar{X}}$ 在计算中需要使用总体标准差,但在实际操作中常常未知,能够使用的仅仅是样本标准差 S。如果用样本标准差代替总体标准差进行计算,即 $S_{\overline{X}} = S/\sqrt{n}$,由于样本标准差 S 随样本变化,相应地标准化统计量的变异成分大于 u,其密度曲线较标准正态分布更拖尾,这种分布称为 t 分布(图 5-1)。相应地标准化后的统计量称为 t 统计量。显然,t 统计量的分布规律与样本量有关,准确说是与自由度有关。当自由度增加时,t 分布逐渐接近正态分布,因此大样本情况下,可以用标准正态分布近似 t 分布。t 检验即是应用 t 分布的特征,将 t 作为检验的统计量进行的检验(张文彤和闫洁,2004)。

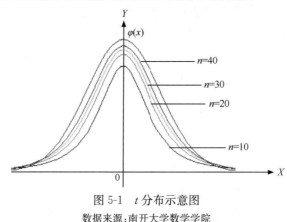

图 5-1　t 分布示意图
数据来源:南开大学数学学院

5.1.2　单因素方差分析原理

单因素方差分析解决的是一个隐私的多个不同水平之间的关系问题。若将因素视为一种处理,在进行两样品比较的 t 检验时,其检验统计量为

$$t = \frac{\overline{X_1} - \overline{X_2}}{S_{X_1 - X_2}} \tag{5-2}$$

分子是样本之间的差别,但该差别不足以说明两样本并非来自同一总体,在统计学上,可以用抽样误差来衡量两样本均数间的差别,考察差别是由本质差异决定还是仅仅体现了抽样误差。如果样本间的差别比标准误差很大,可认为两个样本间的差别由抽样误差造成的可能性小。在方差分析中,需要比较的是多个均数,因此检验统计量中不能仅仅包含两个均数,而且还要必须纳入所有要比较的均数。

方差分析中,离均差平方和代表变异大小,用来进行变异分解,表示总变异程度。总变异可分解为两项,第一项为各组的离均差平方和之和,代表组内变异,称为组内平方和;第二项为按样本含量大小加权的各组均数与总均数的差值平方之和,代表组间变异,称为组间平方和或处理平方和。其中,组间变异既包括处理因素的作用,也包括随机误差,而组内变异仅体现了随机误差。方差分析的检验统计量可理解为利用随机误差作为尺度来衡量各组间的变异:

$$F = \frac{组间变异}{组内变异} \tag{5-3}$$

组间变异主要由随机误差构成,即组间变异的值应当接近组内变异,即 F 值接近于 1,否则 F 值会偏离 1,且各组间的不一致程度越强,F 值越大。

单因素方差分析假设检验过程通过检验统计量 F:

$$F_{k-1,N-k} = \frac{MS_B}{MS_W} = \frac{SS_B/(k-1)}{SS_W/(N-k)} \tag{5-4}$$

式中,$k-1$,$N-k$ 分别为组间自由度和组内自由度,二者之和为 $N-1$,称为总自由度。MS_B 为组间均方,MS_W 为组内均方。在原假设成立时,F 值应服从自由度为 $k-1$,$N-k$ 的中心 F 分布。

应用单因素方差分析时,数据应满足以下几个条件:①观察对象是来自于所研究因素的各个水平之下的独立随机抽样;②每个水平下的因变量应服从正态分布;③各水平的总体具有相同的方差(张文彤和闫洁,2004)。

5.2 实 验 设 计

5.2.1 土壤样品采集

为了确定由原生林地转变为耕地后 SOC 和 TN 含量的变化以及与土壤质地的关系,2010 年 6 月下旬冻土层完全解冻后,选取了八五九农场区域内的 14 个具有代表性的林地和耕地地块作为土壤样品采集点。确认地块是原生林地还是连续耕地的标准有以下几条:咨询当地居民、收集历史数据、观察土壤垂直剖面以及分析和比较土壤样品的理化性质等。土壤性质分析结果为白浆土。

设定的 14 个采样点涵盖了 3 种土地利用类型:原生林地(F)有 4 个采样点,水田(RP)和旱田(DC)均设置有 5 个采样点。耕地的植被以常年作物为主,包括水稻、玉米、大豆。原生林地的植被类型为白桦。水田和旱田是 1960 年以来从天然草地和林地转变来的,已耕种了 40 多年。水田全部由旱田转变而来,最长的已耕种了 25 年。

根据土地使用惯例,土层深度 60 cm 以下 SOC 含量不予考虑(Guo and Gifford,2002),因此采样时共设置 6 个土层深度梯度:0~10 cm、10~20 cm、20~30 cm、30~40 cm、40~50 cm 和 50~60 cm。采样使用直径 7.5 cm 的土壤采样器,每个 100 m×50 m 地块选取相邻点采集,三次重复。每个土壤样品由直径 5 m 内的 10 个随机采集的样品混合而成。这样,共得到 84 个土壤样品。所有样品装入自封袋中,立即送回实验室进行理化性质分析。

5.2.2 土壤样品测定

所有土壤样品室温自然风干后过 2 mm 筛,测定总氮含量。同时,对每个样品进行土壤性质分析,如土壤黏粒含量(<4 μm)和土壤黏粒和粉粒含量之和(<62.5 μm),并测定每个深度梯度土壤样品的容重。土壤容重的计算方法为:每个垂直深度段的土壤样品取一个单位体积,干燥后称重。粒度分布采用粒度分析仪(Nicomp 380,PSS,USA)进行测定。将各深度段的干燥样品过 0.15 mm 筛,然后用碳氮分析仪(Vario E1,Elementar,Germany)分别测定各样品的总碳和总氮含量。总氮(TN,kg/m²)计算公式如下:

$$TN = \sum BD_i \times D_i \times C_{TN} \times S \times \varepsilon$$

式中,BD_i、D_i、C_{SOC}、C_{TN}、S 和 ε 分别表示土壤容重(g/cm^3)、土壤样品采集厚度(cm)、有机碳 SOC 含量(%)、总氮 TN 含量(%)、截面积(cm^2)及换算系数(1000 m^{-2})。

5.2.3　统计分析方法

所有数据采用 SPSS13.0(SPSS Inc.,Chicago,IL,USA)软件进行分析。通过简单回归过程分析确定了 SOC 和 TN 含量与土壤质地的关系。采用单因素方差分析(ANOVA)评价农业活动对 SOC 和 TN 含量的影响。然后进行费舍尔最小显著差数法($P<0.05$)检验,确定差异性是否显著。

5.3　土壤质地与氮含量的关系

不考虑土层剖面,原生林地的土壤黏粒和粉粒含量之和(clay+silt)所占比例范围为 32.95%~76.78%,均值为 57.4%;水田的土壤黏粒和粉粒含量之和(clay+silt)所占比例范围为 56.85%~93.92%,均值为 77.85%;旱田的土壤黏粒和粉粒含量之和(clay+silt)所占比例范围为 0.85%~96.41%,均值为 87.07%(表 5-1)。同样的,原生林地的土壤黏粒(clay)含量范围为 2.14%~7.62%,均值为 5.01%;水田的土壤黏粒(clay)含量范围为 1.55%~11.56%,均值为 7.19%;旱田的土壤黏粒(clay)含量范围为 2.53%~11.59%,均值为 8.83%。

表 5-1　土壤样品(采样点土壤性质特征统计描述:平均值±标准偏差,数据范围)

土地利用	n	SOC /(g/kg)	TN /(g/kg)	TC /(g/kg)	HN (mg/kg)	CEC/[cmol (+)/kg]	clay /%	(clay+silt) /%
F	24	15.46±11.27	1.41±1.42	19.86±13.34	133±115	21.4±8.9	5.01±1.77	57.40±12.31
		4.59~40.22	0.33~4.84	10.68~66.60	49~302	11.1~32.9	2.14~7.62	32.95~76.78
RP	30	18.12±10.11	1.26±0.86	19.24±10.09	216±123	20.3±3.79	7.19±2.89	77.85±10.49
		6.04~40.81	0.30~3.11	8.81~48.82	34~528	11.8~29.1	1.55~11.56	56.85~93.92
DC	30	17.71±6.15	1.27±0.55	19.02±6.33	210±102	23.7±4.4	8.83±2.55	87.07±8.19
		5.89~27.79	0.38~2.12	6.59~29.25	59~447	17.5~34.3	2.53~11.59	60.85~96.41

注:F,林地;RP,水田;DC,旱田;SOC,有机碳;TN,总氮;TC,总碳;HN,水解氮;CEC,阳离子交换量。

各地块总氮含量分别为：原生林地总氮含量范围为 0.33～4.84 g/kg，均值为 1.14 g/kg；水田总氮含量范围为 0.30～3.11 g/kg，均值为 1.26 g/kg；旱田总氮含量范围为 0.38～2.12 g/kg，均值为 1.27 g/kg。

无论哪种土地利用类型，土壤黏粒（clay）含量通过线性函数和指数函数对总氮含量的解释率分别为 6%～35% 和 6%～45%，土壤黏粒和粉粒含量之和（clay+silt）对总氮含量的解释率分别为 40%～58% 和 45%～63%。此外，值得注意的是，与水田和旱田相比，原生林地的土壤黏粒（clay）含量及土壤黏粒和粉粒含量之和（clay+silt）相对较低，表明农业开发活动严重扰乱了土壤团粒结构和分布。与土壤黏粒（clay）含量相比，土壤黏粒和粉粒含量之和（clay+silt）与 SOC 和 TN 含量的相关度更高，这与 Tan 等（2004）的研究结果一致。

与水田和旱田相比，土壤黏粒和粉粒含量之和（clay+silt）通过指数函数对原生林地 TN 含量的解释率更高（图 5-2）。此外，三种土地利用类型的 SOC 和 TN 含量有部分重叠（图 5-3 和图 5-4）。Gami 等（2009）认为，这种不一致是由原生林地、水田和旱田的管理模式不同造成的，如氮肥施用、耕作强度、种植期长短、植被

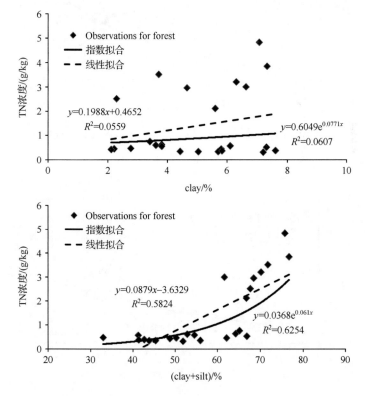

图 5-2　林地土壤总氮（TN）水平与黏粒（<4 μm）含量及黏粒+粉粒
（<62.5 μm）含量的关系

凋落物类型以及灌溉模式等。

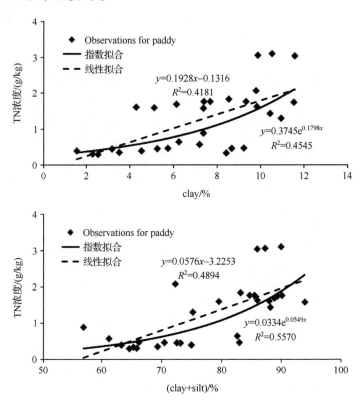

图 5-3   水田土壤总氮(TN)水平与黏粒（<4 μm）含量及黏粒＋粉粒
（<62.5 μm)含量的关系

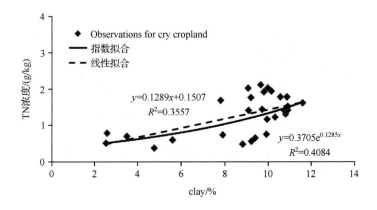

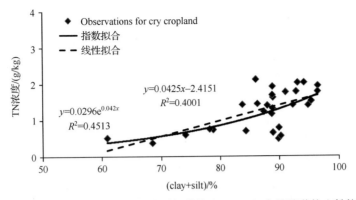

图 5-4　旱田土壤总氮(TN)水平与黏粒（<4 μm）含量及黏粒＋粉粒（<62.5 μm）含量的关系

5.4　耕作对土壤氮素的影响

TN 的分布和含量随耕地土壤剖面的变化而变化(表 5-2 和表 5-3)。原生林地的土壤黏粒和粉粒含量之和(clay＋silt)所占的比例通常比水田和旱田的要小，但水田和旱田的土壤黏粒和粉粒含量之和(clay＋silt)所占的比例大致相当。为了便于比较，以旱田相同水平上的值作为参考值，将原生林地和水田中的 TN 含量值修正为对应值，该参考值是通过 5.2 节中提到的土壤黏粒和粉粒含量之和(clay＋silt)指数函数计算得出的(图 5-2～图 5-4)。随着土层深度的增加，原生林地土壤

表 5-2　不同土层深度(0～30 cm)总氮(TN)含量随土地利用改变发生变化

（林地：$n=24$；水田和旱田：$n=30$）

土层	土壤性质	F	F 换算为 DC[a]	PR	PR 换算为 DC[b]	DC	F 转变为 DC 后的变化[c]/%	F 转变为 DC 后的变化换算值[d]/%	PR 转变为 DC 后的变化[c]/%	PR 转变为 DC 后的变化换算值[d]/%
0～10 cm	(clay＋silt)/%	73.56		83.89		92.48				
	土壤容重/(g/cm³)	1.54		1.47		1.22				
	TN 含量/(g/kg)	3.86	10.37	2.04	5.36	1.72	−55	−83	−16	−68
	TN 存量/(Mg/hm²)	5.95	15.97	2.99	7.87	2.10	−65	−87	−30	−73
10～20 cm	(clay＋silt)/%	66.08		87.80		89.17				
	土壤容重/(g/cm³)	1.68		1.61		1.54				
	TN 含量/(g/kg)	2.66	8.47	2.01	4.46	1.64	−38	−81	−18	−63
	TN 存量/(Mg/hm²)	4.46	14.24	3.22	7.19	2.53	−43	−82	−21	−65

续表

土层	土壤性质	F	F换算为DC^a	PR	PR换算为DC^b	DC	F转变为DC后的变化^c/%	F转变为DC后的变化换算值^d/%	PR转变为DC后的变化^c/%	PR转变为DC后的变化换算值^d/%
	(clay+silt)/%	61.45		86.69		88.31				
20~30 cm	土壤容重/(g/cm³)	1.69		1.73		1.74				
	TN含量/(g/kg)	0.52	8.04	1.91	4.26	1.47	183	−82	−23	−65
	TN存量/(Mg/hm²)	0.88	13.59	3.30	7.37	2.56	191	−81	−22	−65

a 换算后的原生林地土壤总氮数据是根据相应旱田土壤质地估算得到的;

b 换算后的水田土壤总氮数据是根据相应旱田土壤质地估算得到的;

c 林地或水田转变为旱田后总氮变化幅度;

d 林地或水田转变为旱田后总氮变化幅度换算值。

表 5-3　不同土层深度(30~60 cm)总氮(TN)含量随土地利用改变发生变化

(林地:$n=24$;水田和旱田:$n=30$)

土层	土壤性质	F	F换算为DC^a	PR	PR换算为DC^b	DC	F转变为DC后的变化^c/%	F转变为DC后的变化换算值^d/%	PR转变为DC后的变化^c/%	PR转变为DC后的变化换算值^d/%
	(clay+silt)/%	54.35		69.98		83.43				
30~40 cm	土壤容重/(g/cm³)	1.76		1.78		1.77				
	TN含量/(g/kg)	0.49	5.97	0.74	3.26	1.10	124	−82	49	−66
	TN存量/(Mg/hm²)	0.88	10.51	1.32	5.80	1.94	120	−82	47	−67
	(clay+silt)/%	49.25		68.57		87.39				
40~50 cm	土壤容量/(g/cm³)	1.72		1.76		1.75				
	TN含量/(g/kg)	0.47	7.60	0.46	4.05	1.06	126	−86	130	−74
	TN存量/(Mg/hm²)	0.81	13.08	0.80	7.13	1.85	128	−86	131	−74
	(clay+silt)/%	39.79		70.16		80.30				
50~60 cm	土壤容量/(g/cm³)	1.73		1.75		1.75				
	TN含量/(g/kg)	0.45	4.93	0.39	2.74	0.61	36	−88	56	−78
	TN存量/(Mg/hm²)	0.78	8.53	0.67	4.80	1.07	37	−87	60	−78

a 换算后的原生林地土壤总氮数据是根据相应旱田土壤质地估算得到的;

b 换算后的水田土壤总氮数据是根据相应旱田土壤质地估算得到的;

c 林地或水田转变为旱田后总氮变化幅度;

d 林地或水田转变为旱田后总氮变化幅度换算值。

黏粒和粉粒含量之和(clay+silt)显著下降,水田缓慢下降,旱田相对稳定。同样,与水田和旱田相比,原生林地表层土(0~20 cm)的土壤容重较大,表明耕作影响的是表层土壤的聚合作用。所有土地利用类型在 20cm 土层以下未观察到土壤容重有差异。0~30 cm 土层中 TN 含量的变化范围为−23%~−16%,当水田变为旱田时,TN 含量变化范围为 49%~130%。

在 0~20 cm 深的森林土层中 TN 含量较高(表 5-2,图 5-5)。与旱田相比,水田 0~30 cm 的土层中 TN 含量均较高。原生林地的 TN 含量从 20 cm 土层向下急剧下降。水田土层的 TN 含量从 30 cm 土层向下急剧下降。三种土地利用类型 30 cm 深的土层中,旱田的 TN 含量最高。

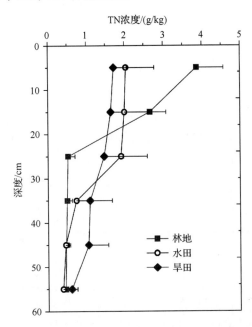

图 5-5 林地(n=24)、水田(n=30)和旱田(n=30)土壤中不同土层深度总氮(TN)含量

5.5 土壤质地反映耕作对氮素水平的影响

从原生林地和水田转换为旱地,TN 含量的实测值和校正值均在一定范围内逐渐下降(表 5-2 和表 5-3)。校正的 TN 含量变化值与旱田相应水平不一致。农地转换的 TN 运移和流失主要发生在 0~30 cm 的土层中(表 5-4)。0~60 cm 土层中 TN 含量均值分别为:原生林地 13.76 Mg/hm², 水田 12.32 Mg/hm², 旱田 12.05 Mg/hm², 校正均值为 75.92 Mg/hm² 和 40.15 Mg/hm²(表 5-4)。原生林地转换旱地后的 TN 含量均呈下降趋势。

表 5-4　不同土地利用类型土壤各土层深度总氮存量变化

△	0～10 cm	10～20 cm	20～30 cm	30～40 cm	40～50 cm	50～60 cm
SOC 观测值						
F to DC	−27.18	−3.87	18.97	15.37	14.02	8.53
PR to DC	−13.27	−9.44	−8.12	3.89	9.26	6.61
SOC 校准值						
F to DC	−70.03	−54.10	−47.87	−43.15	−58.33	−39.90
PR to DC	−16.26	−5.36	−3.74	−7.79	−15.64	−10.77
TN 观测值						
F to DC	−3.85	−1.93	1.68	1.07	1.03	0.29
PR to DC	−0.90	−0.69	−0.74	0.62	1.04	0.40
TN 校准值						
F to DC	−13.88	−11.70	−11.03	−8.57	−11.23	−7.46
PR to DC	−5.77	−4.66	−4.81	−3.86	−5.28	−3.73

注：△，土地利用类型变化后总氮(TN)存量变化；F，原生林地；PR，水田；DC，旱田。

　　在 0～10 cm 表层土中 TN 含量比亚表层土(10～20 cm)略低，水田亚表层土 TN 含量为 0.23 Mg/hm²，旱田为 0.43 Mg/hm²(图 5-6 和图 5-7)，表明由于精耕细作导致表层土的 TN 容易损失，水侵蚀、作物吸收和运移、淋溶以及挥发加大了

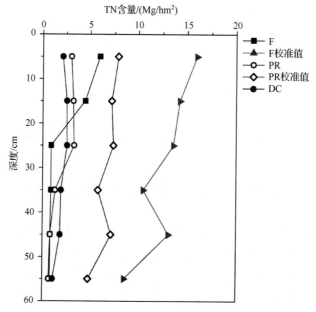

图 5-6　原生林地(n=24)、水田(n=30)和旱田(n=30)土壤总氮(TN)存量的
观测值和校准值

TN 流失的风险(Sainju et al.，2008；Mazzoncini et al.，2011)。以旱田相应水平
为参考校正后,原生林地和水田的 TN 含量呈现出一致的变化趋势,且显著高于旱
田(表 5-5)。土层深度达到 50 cm 时,测得的原生林地的 TN 含量与水田基本持
平,但比旱田要低。土层深度下降到 50~60 cm,三种土壤的 TN 含量大致相当,
说明农业活动仅对表层土造成了影响。

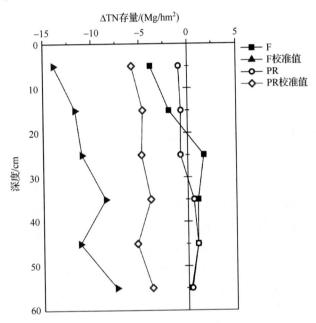

图 5-7　原生林地($n=24$)、水田($n=30$)和旱田($n=30$)土壤总氮(TN)存量变化的
观测值和校准值

表 5-5　60 cm 以上土层土壤总氮(TN)存量及流失量变化观测值及校准值(单位:Mg/hm²)

		F	△of F to DC	PR	△of PR to DC	DC
观测值	SOC	142.14	25.83	179.04	−11.07	167.97
	TN	13.76	−1.71	12.32	−0.27	12.05
校准值	SOC	481.35	−313.38	227.53	−59.56	
	TN	75.92	−63.87	40.15	−28.10	

注:△,土地利用类型变化后总氮(TN)存量变化;F,原生林地;PR,水田;DC,旱田。

　　以土壤黏粒和粉粒含量之和(clay+silt)所占的比例作为因变量,二次多项式
函数能较好地描述 TN 含量的变化(图 5-8),在结构较细的土壤中 SOC 和 TN 易
于流失。也就是说,随着土壤黏粒和粉粒含量之和(clay+silt)所占比例增加,TN
流失风险加大。

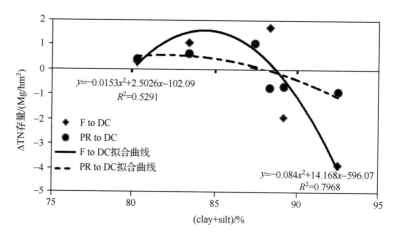

图 5-8　土壤质地状况对土地利用类型转变后土壤总氮(TN)存量变化的响应关系

　　与表层土相比,亚表层土的 TN 含量较高(图 5-5 和图 5-6)。Gami 等(2009)认为,这是由于随着土壤水循环的进行,可溶性无机氮从表层淋溶到亚表层。细颗粒所占比例加大会促进这一过程。TN 变化更多受到氮肥的影响。水田和旱田土壤剖面结构 TN 分布不同,这可能是由两种土地类型不同的灌溉模式造成的。旱田的土壤所处环境为需氧环境,而水田土壤由于长期淹水则处于缺氧环境中,从而阻止了土壤有机质的分解。消除水田耕地负面影响所需的碳汇和氮汇量已成为广泛关注的问题(Pan et al.，2010)。

5.6　小　　结

　　本试验对三江平原草甸白浆土的研究结果表明,原生林地、水田、旱田土壤中的 TN 含量与土壤黏粒和粉粒含量之和(clay+silt)呈正相关,但与土壤黏粒含量(clay)的相关性较差。这是由于季节性冻融促进土壤大颗粒碎片化,使得土壤环境中土壤颗粒范围更宽泛。指数函数和线性函数均能较好地描述 TN 含量与土壤质地的关系,但指数型函数拟合度更高。表明随着土壤黏粒与粉粒含量之和的增加,土壤对 TN 含量的吸持效率也随之上升。函数关系如下：

$$TN = b + \exp[a(\text{clay} + \text{silt})] \tag{5-5}$$

　　同样的,二次多项式函数能够较好地描述 TN 含量变化与土壤黏粒和粉粒含量之和(clay+silt)的关系。

$$\Delta TN = a\,(\text{clay} + \text{silt})^2 + b(\text{clay} + \text{silt}) + c \tag{5-6}$$

　　拟合曲线和算法为评估土地利用转换条件下土壤性质及 TN 的流失量提供了一套可行的方法。10～20 cm 土层中原生林地的 TN 含量高于耕作土壤,这是由于原生林地具有较低的水侵蚀、较高的养分存储能力,再加上天然的土壤受外界扰动少,覆盖植被和落叶等凋落物回归土层增加了营养。20 cm 土层以下,耕作土壤的 TN 含量较高,这是由于高氮肥施用量和农业开发活动导致土壤团聚体被破坏,养分流向更深的耕层中。值得一提的是,原生林地、水田以及旱田的 TN 含量可在同一相应水平下进行校正,即通用一个标准。如果对原生林地、水田以及旱田的土壤剖面 TN 含量直接进行比较,由于土壤总质量和结构存在差异,容易产生误差,在评估氮的含量及运移时需考虑到这一点。

参 考 文 献

张文彤, 闫洁. 2004. SPSS 统计分析基础教程. 北京:高等教育出版社.

Gami S K, Lauren J G, Duxbury J M. 2009. Influence of soil texture and cultivation on carbon and nitrogen levels in soils of the eastern Indo-Gangetic Plains. Geoderma, 153: 304-311.

Guo L, Gifford R. 2002. Soil carbon stocks and land use change: a meta analysis. Global Change Biology, 8: 345-360.

Mazzoncini M, Sapkota T B, Bàrberi P, Antichi D, Risaliti R. 2011. Long-term effect of tillage, nitrogen fertilization and cover crops on soil organic carbon and total nitrogen content. Soil and Tillage Research, 114: 165-174.

Pan G, Xu X, Smith P, Pan W, Lal R. 2010. An increase in topsoil SOC stock of China's croplands between 1985 and 2006 revealed by soil monitoring. Agriculture, Ecosystems & Environment, 136: 133-138.

Sainju U M, Senwo Z N, Nyakatawa E Z, Tazisong I A, Reddy K C. 2008. Soil carbon and nitrogen sequestration as affected by long-term tillage, cropping systems, and nitrogen fertilizer sources. Agriculture, Ecosystems & Environment, 127: 234-240.

Tan Z, Lal R, Smeck N, Calhoun F. 2004. Relationships between surface soil organic carbon pool and site variables. Geoderma, 121: 187-195.

第6章 无资料小流域氮污染负荷驱动模型研究

6.1 遥感驱动分布式水文模型构建

在无资料地区水文模拟过程中,由于没有建立起完整的水文监测系统,传统水文研究方法不能很好地揭示和反映当地水文循环规律和非点源污染的状况,因此本章将首先介绍研究所用的与遥感技术相耦合的遥感驱动分布式时变增益水文模型(RS-DTVGM)系统,接着阐述该模型系统的特点、结构及其参数获取方法,并在ENVI/IDL 开发环境下实现模型的系统化。

6.1.1 模型发展概述

RS-DTVGM 是以 DTVGM 为基础,结合遥感技术所发展起来的遥感数据驱动的水文模型,使其具有在无资料地区进行水文模拟的能力。为了更好地理解RS-DTVGM 发展,有必要对 DTVGM 的发展做一简要的回顾。最初,爱尔兰的J. Dooge 基于当时的理论假设提出了水文系统线性理论,J. E. Nash 教授还以此为基础提出了总径流线性响应模型(TRM)和线性扰动模型(LPM),希望借由水文系统增益因子的引入来简化和表达离散的降雨-径流关系。但是水文系统是一个巨大的复杂的非线性系统,其非线性和不确定性的本质使我们必须从非线性系统理论的角度来反映降雨和产流之间关系。夏军在 1989~1995 年间,通过对比分析世界不同国家和地区的 40 多个流域站点实测水文数据序列发现,水文系统的增益因子并不是一个常数,而是流域某个状态变量的函数,并由此提出了时变增益模型(time variant gain model,TVGM)的概念,即降雨和产流之间的关系是非线性的,其中产流过程中土壤含水量的变化对产流量的变化起着重要作用。并将地表径流定量化表达为地表有效降雨量和系统增益因子的乘积。2002 年,夏军等在TVGM 的基础上,综合系统水文学和物理水文学方法,提出了新的分布式时变增益水文模型(distributed time variant gain model,DTVGM)。

DTVGM 具有产流机制简单,对环境变化适应强,对水文资料要求相对较少,而且模型比较开放,易与其他模块进行耦合等优点,但是这个模型在很多模块上采用了一些经验的方法进行计算,在一定程度上会降低模型的精度,特别是对于无资料的区域。为了加强模型在缺资料区域的适应性,杨胜天等加强了模型对遥感数据的耦合,采用易于获取的遥感数据与产品为模型的输入,构建了遥感驱动的分布式时变增益模型(RS-DTVGM)。该模型以 DTVGM 为基础,继承了模型的优点,并增强部分模型参数的物理意义,很大程度上减少了水文模拟对地面观测数据的依赖性。

6.1.2　RS-DTVGM 模型基本原理

基于 ENVI/IDL 平台,按照数据流程,编程实现了数据预处理、遥感参数估算、分布式水文模拟和数据统计与分析于一体的 RS-DTVGM 系统。首先,是利用批处理软件对时间系列和空间系列的数据进行规范化处理,为模拟的输入参数做准备。而对于无法直接从遥感产品中直接获取的,可通过参数估算模块进行推求,主要包括大气温度、潜在蒸散发、植被盖度和根系深度等。然后再采用分布式模型构建方法:在水平方向上,基于 DEM 将流域离散化为能很好地与遥感数据耦合的栅格单元;在垂直方向上,栅格单元被划分为林冠层、表层土壤、深层土壤和地下层,以栅格为计算单元,完成包括融雪、植被截留、蒸散发、地表径流、下渗、壤中流以及汇流等水文物理过程模拟。最后对各遥感参数和水文分量进行统计分析,如单点、流域平均,合计的生态水文因子水文分量的时间变化曲线,水文模拟的结果及效率系数的计算等。

RS-DTVGM 在水文过程上继续采用 DTVGM 中所采用的分布式水文模型构建模式,以水量平衡方程为核心,对水文循环中融雪、植被截留、蒸散发、地表径流、下渗、壤中流及汇流等过程进行模拟,但是对各个水文过程模型进行了改进,使模型参数的物理意义更加明确,更加易于与遥感数据进行耦合,并且使其模型输入变量和参数尽可能地通过遥感数据获得,减少其输入数据的需求带来的应用局限(曾红娟,2010)。总体上该模型由 5 大模块组成,即积雪与融雪模块、植被截流模块、蒸散发模块、产流模块和汇流模块。其总体结构如图 6-1 所示。

常用的融雪模型可以分为两大类:物理学模型和经验性模型。其中,经验性模型所需要的参数较少且较简单,因此被广泛应用。度-日模型(degree-day model)(Hock,2005)是经验性模型的最典型代表,是基于冰雪消融与气温之间的线性关系建立的,在中国西北部应用,模拟效果比较好。RS-DTVGM 用遥感提供的积雪覆盖变化信息作为驱动数据,融雪量计算采用度-日模型,其公式如下:

$$M_s = D_f \times (T_a - T_{mlt}) \tag{6-1}$$

式中,M_s 为融雪量,mm/d;T_a 为气温,℃;T_{mlt} 为开始融雪时的气温,℃;D_f 为随着季节和海拔变化的度-日因子,mm/(℃·d),是模型最敏感的参数,为单位正积温产生的冰雪消融量。在 RS-DTVGM 中,雪盖面积为分布式网格积雪,遥感能提供积雪覆盖变化的信息,并根据温度对降雨与降雪,积雪和融雪进行判断。度-日因子并非常数,具有明显的时空变化特征,随季节、纬度和坡向等变化,积雪初期小,

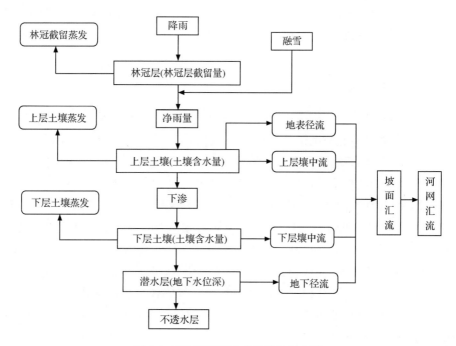

图 6-1　RS-DTVGM 总体结构示意图

而后递增,其计算公式如下:

$$D_f = 1.1 \times \frac{\rho_s}{\rho_w} \tag{6-2}$$

式中,ρ_w 为水密度,g/cm^3,为定值,取值 1 g/cm^3;ρ_s 为积雪密度,g/cm^3。

6.1.3　植被截留模块

降雨过程中,植被对降水的截留主要受枝叶的影响,其截留量与植被盖度、叶面积、叶面粗糙度、植被类型和生长时段有关。在 RS-DTVGM 中,植被截留模块采用(Aston,1979)根据林冠截留和植被盖度之间的关系,构建林冠截留量的计算公式:

$$S_v = V_f \times S_{max} \times \left[1 - e^{-\alpha \frac{P_{cum}}{S_{max}}}\right] \tag{6-3}$$

式中,S_v 为累积接流量,mm;V_f 为植被盖度,%,反映覆被空间分布情况;α 为校正系数;P_{cum} 为累积降水量,mm;S_{max} 为树冠最大蓄水能力,即林冠最大截留量,mm。

林冠最大截留量主要取决于叶面特征(叶面积、叶面粗糙度)。并建立了直接基于 LAI 估算最大截留量的公式:

$$S_{max} = 0.935 + 0.498 \times LAI - 0.00575 \times LAI^2 \tag{6-4}$$

$$\alpha = 0.046 \times LAI \tag{6-5}$$

植被截留模块中需要输入的参数包括降雨量、叶面积指数和植被盖度,遥感技术在这些参数的获取上都已有比较成熟的应用,MODIS、VEGETATION 等提供较高时间分辨率的 LAI 产品,能为模型提供驱动数据。

6.1.4　蒸散发模块

该模块采用 Kristensen-Jensen 模型计算非水面的实际蒸散发,对于水域的蒸发因为比较简单,可以认为其等同于潜在蒸发量。其非水面的蒸散发包括植被截留蒸发、土壤蒸发和植被蒸腾 3 个方面。

模型假设植被截留的水分最终以蒸发的形式返回大气中,所以蒸散发优先计算植被截留蒸发,其大小取决于植被截留量和潜在蒸散发能力,取两者中的低值,若冠层有足够的水分,则林冠层截留蒸散发等于潜在蒸散发;而对于植被蒸腾,其速率主要受土壤水分状况和植被覆被特征影响,与多个因素相关,是 LAI、土壤水分和根系密度的函数;对于土壤蒸发,假设其主要发生在土壤的表层,由非饱和土壤蒸发量和土壤超过田间持水量时多余的水分蒸发构成,其中土壤蒸发也受表层土壤水分和潜在蒸散发的限制。

模型的输入参数主要有决定蒸发能力的潜在蒸散发,影响植被截留和蒸腾的叶面积指数,影响植被蒸腾的根系深度和影响植被蒸腾与土壤蒸发的土壤水分特征参数。

6.1.5　产流模块

产流模型是 RS-DTVGM 的核心模块,地表径流是通过时变增益因子进行计算的,并耦合水量平衡方程,采用牛顿迭代的方法推求土壤湿度,再求算各个水文分量。壤中流的计算采用自由水蓄水库线性出流,深层壤中流和地下径流的计算方式同表层壤中流的计算方法一致。再综合地表径流、壤中流、地下径流求得在单元网格上的总产流。

6.1.6　汇流模块

汇流模块以近年来发展较快圣维南方程为基础,并简化其动力方程式,采用一维圣维南方程简化得到的运动波方程进行汇流演算。径流汇集的载体为汇流网络和数字水系,每个网格单元内的径流除直接降落到河道上的净雨以外,从产生到汇集至流域出口一般均需要经历坡面汇流和河道汇流两个过程,所以,汇流计算的第一步是确定径流的汇集载体(坡面或河道)。河道可用 DEM 提取,根据水流方向获取汇流累积图,并依据汇流面积的大小来判定栅格是坡面还是河道,一般都会给定一个汇流累积的阈值 N,大于该阈值的认为是河道栅格,小于该阈值的认为是坡面栅格。对于每一个栅格,都可以计算出一个出流量,位于出口处栅格单元的出流量即为该时段内流域内的总径流量。

6.2　模型数据源及数据获取

由于 RS-DTVGM 需要大量的时间序列和空间分布的数据作为模型输入,如 SRTM、FY-2C、FY-2D、MODIS(moderate-resolution imaging spectra-radiometer) 的陆地产品等,其具体的所需数据源如表 6-1。这些数据在时间尺度是不匹配的,比如积雪覆盖数据是 8 d 而植被指数却是 16 d;另外,空间的分辨率、投影方式、空间范围等也都是不匹配,而且都是高时间分辨率,所以将基础数据转化成模型所需的数据格式需要花费大量的时间和精力。如果按照传统的方法处理这类数据,将会是一项非常繁琐的任务。因此对这些数据进行批处理操作是至关重要的。总体来说,其主要的任务就是要实现数据投影转换与匹配、不同 Tile 的拼接、研究区范围的裁剪、有效值的提取和统计计算等,从而规范化这些过程和数据,简化数据处理准备工作。

表 6-1　遥感产品信息表

数据集	数据内容	产品代码	时间分辨率	空间分辨率
SRTM	高程	SRTM DEM	—	30 m
FY-2	降水量	FY-2C,2D	1 d	5 km
MODIS	积雪覆盖	MOD10A2	8 d	500 m
	叶面积指数	MOD15A2	8 d	1 km
	植被指数	MOD13A2	16 d	1 km
	反照率	MCD43B3	16 d	1 km
	地表温度和发射率	MOD11A1	1 d	1 km
	土地覆被类型	MCD12Q1	1 d	300 m
NCEP/NCAR	表面气温	—	6 h	1.875 ℃
HWSD	土壤属性	—	—	1 km

上面这些 MODIS 数据都是采用了 SIN 投影,因此,对这批数据先后进行了数据镶嵌、裁减、重投影和格式转换等方面的处理,这些过程都在 MODIS Reprojection Tool(MRT)上进行。MRT 可以读取 HDF-EOS 格式的数据,能够选择所需要的数据集并附投影,也可以对原来的投影进行转化。

由于这些数据处理后并非都是日数据,所以又必须借助 IDL 程序对非日数据进行数值转换和插值处理,最终得到分辨率为 1 km、投影系统为 Albers/WGS-84 的初始时序 MODIS 影像,为 RS-DTVGM 提供驱动数据。本章中所有的数据都是经过处理后的数据,分辨率为 1 km,所以存在很多不规范的形状在图中。

　　MODIS 陆地标准产品来自美国航空航天局(NASA)的陆地过程分布式数据档案中心(The Land Processes Distributed Active Archive Center, LP DAAC/NASA)。包括:基于 Terra 星和 Aqua 星数据的地表反射率(250 m, daily; 500 m, daily; 250 m, 8days; 500 m, 8day)、地表温度(1000 m, daily; 1000 m, 8days; 5600 m, daily)、地表覆盖(500 m, 96days; 1000 m, yearly)、植被指数 NDVI&EVI(250 m, 16days; 500 m, 16days; 1000 m, 16days; 1000m, monthly)、温度异常/火产品(1000m, daily; 1000m, 8days)、叶面积指数 LAI/光合有效辐射分量 FPAR(1000 m, 8days)、总初级生产力 GPP(1000 m, 8days)、积雪覆盖,以及地表反射率与 BRDF/Albedo 参数等。目前,MODIS 数据已被广泛应用于地表覆盖变化、生态环境监测、气候、灾害、预测和臭氧和海洋监测等方面。研究所用 MODIS 陆地产品均来自 http://modis.gsfc.nasa.gov/网站,其格式为 HDF-EOS,正弦投影(SIN),本书研究区所涉及的 MODIS 的分幅为 H27V04。

6.2.1　MODIS 积雪覆盖产品

　　本节用于积雪监测和制图主要采用新一代的 EOS/MODIS 卫星数据。MODIS 提供 1 d(MOD10A1)和 8 d(MOD10A2)的积雪覆盖产品数据(表 6-2)。根据之前的研究(黄晓东等,2007),MOD10A1 产品的积雪分类精度受积雪厚度、下垫面和天气状况的影响比较严重,而 MOD10A2 却对地表积雪具有较高的分类精度,可较好地反映地表积雪的分布状况,因此本节选用 MOD10A2 来判断地貌的

表 6-2　MOD10A2 编码及意义

编号	项目		编码意义
1	编码	0	传感器数据缺失(sensor data missing)
		1	未定(no decision)
		4	有错误的数据(erroneous data)
		11	黑色体、夜晚、终止工作或极地地区(darkness or night, terminator or polar)
		25	没有积雪覆盖的陆地(land, free of snow)
		37	内陆水体或湖泊(inland water or lake)
		39	海洋(ocean)
		50	云(cloud obscured)
		100	积雪覆盖的冰湖(snow-covered lake ice)
		200	积雪(snow)
		254	传感器饱和(sensor saturated)
		255	填充的数据(无数据)(Fill data_ no data expected)
2	有效范围		0~254

积雪状态。MOD10A2是一种每隔8天合成的积雪覆盖产品,分辨率为500m。它是从每年的第一天开始计算,8 d合成积雪算法的目标是使有云的像素数目最少,而使积雪的像素数目最大。

对MODIS的雪盖处理采用的是自动化积雪检测算法,其原理主要是利用积雪的光谱与其他覆盖物的第4波段和第6波段的光谱反射率不一样的特点进行识别,并将这2个波段进行运算,得到归一化差值积雪指数(normalized difference snow index, NDSI)。NDSI的表达式如下:

$$NDSI = (R_4 - R_6)/(R_4 + R_6) \tag{6-6}$$

式中,R_4、R_6分别为MODIS的第4、6通道的反射率。当NDSI大于0.4时就认为是积雪。

由于MODIS的8 d雪盖产品是8 d内最大雪盖范围,也即如果有一天探测到积雪,则雪盖产品即为雪覆盖。如果仅根据8 d雪盖产品判定积雪状态,会出现较大偏差,因为积雪和融雪通常都是一个累积过程,所以假定积雪在时间上呈线性关系,根据前后两期8 d的数据进行判断是否为积雪状态,如果前后两期均为(无)雪盖,则认为该天积雪覆盖率为1(0),如果前一期为积雪覆盖,而后一期无积雪覆盖,以天数为权重进行线性插值获取积雪覆盖率。

本书的研究中,选用2006～2010年阿布胶河流域全年所涉及的46个时相230景MODIS影像作为遥感数据源,以2006年处理后的雪盖数据(图6-2)为例来反映阿布胶河地表积雪的时空变化。从图中可以看出,积雪覆盖面积在2月份达到最大,几乎全部被积雪覆盖,到3月底积雪开始有部分融化,随着时间的推移,融雪面积不断扩大,到4月末的时候积雪几乎全部融;到10月中旬,流域内又开始发生积雪,并在年底不但增大,直到次年2月达到最大。根据以上处理的结果,可以推断出阿布胶河流域的融雪主要发生在3月、4月和10月、11月。

6.2.2　MODIS叶面积指数产品

叶面积指数(leaf area index, LAI)指单位土地面积上植物叶片总面积占土地面积的倍数,即叶面积指数=叶片总面积/土地面积。它是反映植物群体生长状况的一个重要指标,表征植被冠层结构最基本的参量和陆面过程中主要的结构参数。同时LAI也是计算林冠层截留和蒸散发的重要输入参数,并可以估算植被盖度和根系深度等参数。LAI遥感定量反演的方法主要有统计模型法和光学模型法。MODIS综合应用了两种LAI遥感定量反演的方法,并提高8 d频率的LAI产品MOD15A2(表6-3)。

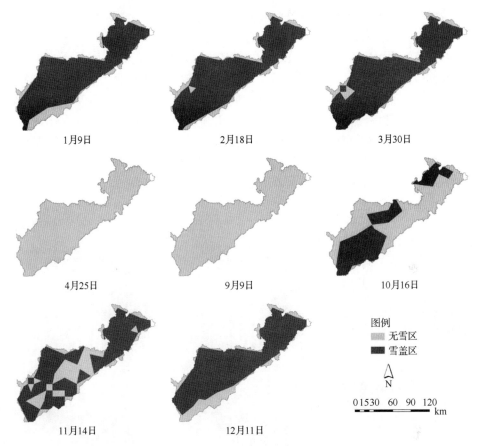

1月9日　　　　　　2月18日　　　　　　3月30日

4月25日　　　　　　9月9日　　　　　　10月16日

图例
无雪区
雪盖区

N

0 15 30　60　90　120
km

11月14日　　　　　　12月11日

图 6-2　2006 年阿布胶河流域雪盖分布时空图

表 6-3　MOD15A2 编码及意义

编码	编码意义
0~70	合理值
200	填充值
250	城市建筑用地
251	永久湿地、沼泽
252	永久冰雪、苔原冻土
253	裸地、沙漠及植被覆盖非常稀少地区
254	海洋或内陆的水体
255	没有计算的像元或丢失的像元

　　LAI 值为图层 DN 值的十分之一,其中,DN 在 0~70 为合理值,200 代表投影之外的像元的填充值,250 为城市建筑用地,251 为永久湿地、沼泽,252 为永久冰

雪、苔原冻土,253 为裸地、沙漠及植被覆盖非常稀少的地区,254 代表海洋或内陆的水体,255 代表没有计算的像元或丢失的像元。

从图 6-3 中可以看出,3 月份流域内大部分地方的 LAI 都是 0,只有流域的西南角存在少许较低 LAI,该地区主要以林地为主;随着气温的回升,4 月、5 月,LAI 不断增大至整个流域,到 8 月份,其值达到最高,在流域的中下游地区 LAI 相对较高,主要原因是到 7~8 月,该地区的大片旱田和农田的大麦和玉米等农作物已经成熟,这可能是造成其 LAI 值较高的原因。随后在 9 月份和 10 月份其值不断下降。从空间分布来看,3 月、4 月、5 月、9 月、10 月份较高 LAI 主要分布在山区和林地,而在 7 月、8 月份,LAI 最大值主要是种植农作物的旱田和农田。

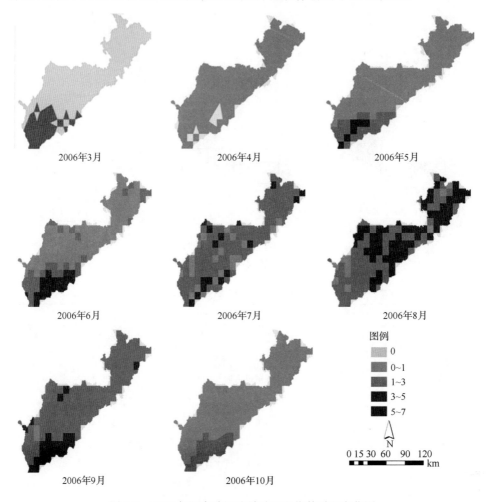

图 6-3　2006 年阿布胶河流域叶面积指数时空变化图

6.2.3　土地覆被类型

因为在 RS-DTVGM 模型中,不同的土地利用类型其产流系数和其他各种参数值是不一样的,而且土地覆盖类型识别也是土地覆盖及其利用变化研究的核心内容,是在进行地气物质、能量传输模型模拟,陆地生态系统过程及机制等研究过程中的关键参数,随着卫星航天技术的发展,通过遥感手段获取大区域乃至全球的土地覆盖类型已成为一种比较实用的方式(金翠等,2009)。MCD12Q1 产品共采用五种不同的土地覆盖分类方案,信息提取主要技术是监督决策树分类,本节选取的是 IGBP 的全球植被分类方法。对流域内的土地覆盖类型进行标准化处理后得到土地利用类型见图 6-4,各类土地利用类型统计见表 6-4。

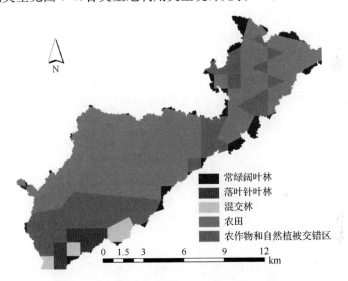

图 6-4　阿布胶河流域 2006 年土地覆被类型图

表 6-4　阿布胶河流域 2006 年土地覆盖类型统计

土地植被类型	面积/km²	比例/%
常绿落叶林	7.42	5.34
落叶针叶林	5.72	4.12
混交林	4.17	3.00
农田	85.68	61.70
农作物和自然植被混交区	35.89	25.84

从图 6-4 和表 6-4 阿布胶河流域 2006 年土地覆盖类型统计可以看出,该地区的土地覆盖类型主要以农田和林地为主,其中农田就占据了 60% 以上,主要分布在流域的中游和下游,而林地主要分布在流域的西南地区。由于 MODIS 数据的

分辨率是 1000 m。根据解译的 TM 影像得到的土地利用,其 TM 分类结果与 MODIS 分类结果差距不是很大,区域内主要土地利用类型是耕地。

6.2.4　MODIS 地表温度产品

陆面温度(land surface temperature,LST)是区域和全球尺度地表物理过程中的关键因子之一,亦是研究地表和大气之间物质交换和能量交换的重要参数。MODIS 地表温度及发射率产品提供了每个像元的温度和发射率的值。MODIS 地表温度主要用于地表热量的空间分析和地表蒸散发、环境质量、地表-大气相互作用数值模拟以及全球变化分析等方面(姜立鹏等,2006),其是气象、水文、生态等研究领域中的一个重要参数。

L3 产品包括 MOD11A1(全球每日 1km)、MOD11A2(全球每 8 天 1km)、MOD11B1(全球每日 6km)、MOD11C1(全球每日 0.05°)、MOD11C2(全球每 8 天 0.05°),以及 MOD11C3(全球每月 0.05°)6 种数据集。为了提高精度,本节里面所使用的 MODIS 温度数据都是 MOD11A1(1 天),其主要取其 1 km 为地表温度波段、第 31~32 波段的热辐射强度。MODIS 地表温度算法利用某些地物在热红外波段比辐射率的稳定性(推广的分裂窗 LST 算法),利用大气层顶太阳中波波段的辐射率变化极小(白天/夜间 LST 算法)进行地表温度反演和利用透过率和大气平均温度来进行计算的单窗算法。由于该研究区相对较小且 MODIS 数据分辨率较高,其区域内的地表温度和有效辐射基本在整个区域是一个值,所以没有用图对其进行展示。

6.2.5　植被盖度数据获取

植被盖度指植物群落总体或各个体的地上部分的垂直投影面积与样方面积之比的百分数。它反映了植被的茂密程度和植物进行光合作用面积的大小,是水文研究中一个重要的参数,能够描述生态系统的植被状况和指示区域生态系统环境的变化,是对水文、生态、区域变化等研究必不可少的一个指标(马志勇等,2007)。近年来,随着遥感技术的快速发展,采用遥感影像来提取大尺度植被盖度的空间分布已经成为一种可能。目前,利用遥感的方法提取植被盖度主要有 4 种方法:经验模型法、植被指数转化法和亚像元分解法和 FCD 模型法(程红芳等,2008)。这些方法都各具特点,暂时并未有一个统一的标准方法对其进行处理。应该根据不同地区的研究背景,选用不同数据源的波段来计算植被盖度(王奎阳,2007)。

本节采用经验模型法,建立 LAI 与植被盖度的经验关系。该方法被诸多学者(唐世浩等,2006;瞿瑛等,2008)引用,可计算不同植被类型的植被指数和植被盖度,且已经得到较好的验证。Nilson 得出 LAI 与植被覆盖度的关系为

$$VF = 1 - e^{-k \times LAI} \tag{6-7}$$

$$k = \psi \cdot X \tag{6-8}$$

式中,VF 为植被覆盖度;k 为与几何结构有关的系数;ψ 为聚集系数,随机分布 $\psi =$ 1,规则分布 $\psi > 1$,丛生分布 $\psi < 1$,聚集系数是根据植被类型确定的,植被类型的分布主要根据 IGBP 进行分类,见表 6-5;X 为消光系数,对于两年生活多年生的树木,假定叶片在空间的分布为球面角分布,则其折射光的消光系数只取决于太阳高度角或太阳天顶角,可以通过公式(6-9)进行计算:

$$X = 0.5/\cos z \tag{6-9}$$

式中,z 为太阳天顶角。

表 6-5　不同植被类型的聚集指数(曾红娟,2010)

代码	类型名	ψ	代码	类型名	ψ
1	常绿针叶林(evergreen needleleaf forest)	0.6	10	草地(grasslands)	0.9
2	常绿针叶林(evergreen broadleaf forest)	0.8	11	永久湿地(permanent wetlands)	0.9
3	落叶针叶林(deciduous needleleaf forest)	0.6	12	农田(croplands)	0.9
4	落叶阔叶林(deciduous broadleaf forest)	0.8	13	城市和建设用地(urban and built-up)	0.9
5	混合林(mixed forest)	0.7	14	农作物和自然植被交错区(cropland/natural vegetation mosaic)	0.9
6	郁闭灌丛(closed shrublands)	0.8			
7	开放灌丛(open shrublands)	0.8	15	雪/冰(snow and ice)	—
8	多树草原(woody savannas)	0.8	16	裸地(barren or sparsely vegetated)	—
9	稀树草原(savannas)	0.8	17	水体(water bodies)	—

为了计算流域内不同时段、不同土地利用类型的植被盖度在一年中的变化趋势,利用上述的方法对 2006～2010 年的 LAI 数据和植被类型数据进行处理后,得到植被盖度空间和时间的分布图(图 6-5)。以 2006 年为例,如图所示,阿布胶河流域内植被盖度从 4 月份开始逐渐增大,其中 5 月份增速最快,到 8 月份的时候几乎已经达到最大值,之后有慢慢开始下降。从空间按分布来看,山区和林地的植被覆被盖度一直处于最大值,而栽种农作物的农田和旱田的植被盖度在 7 月、8 月达到最大值。

6.2.6　根系深度数据获取

吸收水分是陆生植物根的重要功能,植物主要依靠根系从土壤中吸取水分,提供植物新陈代谢、生长发育等活动和蒸腾所需要的水分。由于根系深度和根分布共同影响植物的潜在吸水能力,因此根系格局决定植物地下部分在陆地水分平衡中的储量。传统的根系深度的调查方法主要有剖面法和样方法,而目前在大尺度范围上还没有成熟的估算根系深度的方法。特别对于一些无资料的区域,Andersen 等(2002)基于以上这些问题,提出两种确定根系深度的方法,一种是建立根系

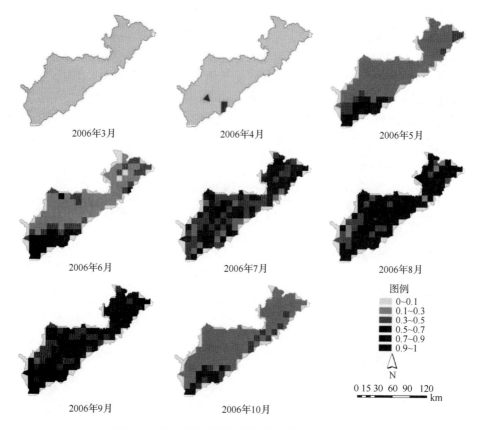

图 6-5　2006 年阿布胶河流域植被盖度时空变化图

深度和植被指数的统计关系,另外一种是针对不同土壤覆被类型,根据 LAI 的变化模拟根系深度。本节采用第二种方法,对于多年生的乔木林,认为根系深度在一年之中不发生变化,即给定一固定的根系深度。本节根据之前的研究(董国涛,2012),取值为 0.6m;对于一年生的草本和作物,假定根系深度与 LAI 的变化存在下面关系:

$$\mathrm{Rd}_i = \mathrm{Rd}_{\max} \frac{\mathrm{LAI}_i}{\mathrm{LAI}_{\max}} \tag{6-10}$$

其中,Rd_i 为时段 i 的根系深度,m;$\mathrm{Rd}_{\max}$ 为最大根系深度,m,根据植被类型确定,荒草地根系深度约 40cm,草地根系深度约为 30cm,作物根系深度约为 25cm。本书的研究区内的根系深度随着时间变化,空间分布状况如图 6-6 所示。

　　根据上面介绍的方法,用 LAI 推算出该流域的根系深度时空分布图,以 2006年为例,其随时间变化的趋势与 LAI 的变化相同。可以看出,林地的根系深度在一年的大部分时间都是较大的,而农田及农林交错区的根系深度一般在 8 月达到最大,然后随着温度的降低,其根系深度慢慢下降。

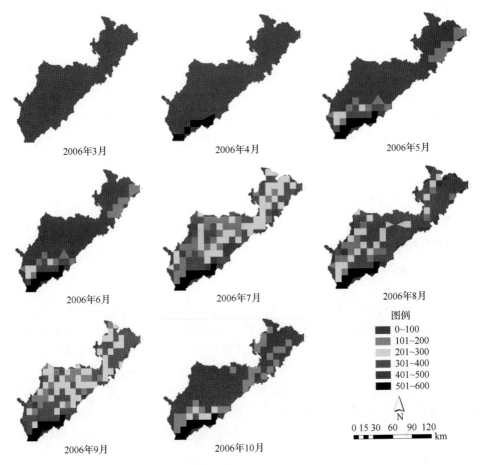

2006年3月　　　　　2006年4月　　　　　2006年5月

2006年6月　　　　　2006年7月　　　　　2006年8月

图例
0~100
101~200
201~300
301~400
401~500
501~600

N

0 15 30　60　90 120
km

2006年9月　　　　　2006年10月

图 6-6　2006 年阿布胶河流域根系深度时空分布图

6.2.7　土壤水分参数数据获取

　　模型所需的土壤参数主要包括土壤饱和水含量、土壤残余含水量、土壤萎蔫含水量和土壤田间持水量,这些参数可以通过 SPAW(soil-plant-air-water)进行计算。SPAW 计算这些土壤水含量的参数的原理是对土壤机械组成[沙粒含量(0.005~2.00 mm)和黏粒含量(<0.002 mm)]、有机质含量等土壤理化性质与土壤水分特征曲线进行拟合,得出基于土壤理化性质的土壤水分参数经验公式。

　　因为本节所使用的数据都是以 1 km 为分辨率,所以选择采用世界和谐土壤数据库(Harmonized World Soil Database, HSWD)来提供土壤理化性质数据。该数据来源于联合国粮农组织(FAO)和维也纳国际应用系统研究所(IIASA),这个土壤数据采用分类系统主要为 FAO-90,具体的可参见地球系统科学数据共享网于 2009 年 3 月 26 日发布了 1.1 版本。数据分辨率为 1 km。中国境内数据源 1:

10^6 土壤数据,蒙古国地区数据源为区域土壤及地形数据库（SOTWIS）比例尺为 $1:5×10^6$。

6.3　模型参数及率定

RS-DTVGM 中的参数大致可以划分为 3 类:气象参数、下垫面地表参数和水文参数。其中,具有物理意义的气象参数和下垫面参数多通过遥感手段直接或者间接获取或基于 GIS 数据产品确定,其他一些参数主要是通过结合已有的相关研究成果和文献调研来获取,如一些水文参数。另外,模型参数也可以根据模块来进行划分,可分为融雪模型参数、蒸散发参数、产量参数和汇流模型参数。模型参数的优劣对于模型的稳定性和模拟、预报方案的精度具有重要的影响。下面从模型模块的角度对 RS-DTVGM 的参数进行简单介绍。

6.3.1　融雪模块参数

融雪模块参数主要包括度-日因子的积雪密度、融雪临界温度和雨雪临界温度。根据相关的研究成果,雨雪临界温度一般取值为 2~5 ℃。本节中采用之前研究成果(董国涛,2012),假定雨雪临界温度取值为 0 ℃,融雪临界温度为 0 ℃。积雪密度一般都会随着时间变化会有这明显的变化,根据与研究区域处于同纬度的黑龙江铁力战(50863)的观测数据获得,各月积雪密度平均值为 10 月份 0.06 g/cm³,11 月份为 0.11 g/cm³,12 月份为 0.14 g/cm³,1 月份为 0.15 g/cm³,2 月份为 0.165 g/cm³,3 月份为 0.2 g/cm³,4 月份为 0.06 g/cm³。本节的这方面的数据只是基于董国涛(2012)的一些成果,来确定该地区不同月份的积雪密度,由此可以计算得到度-日因子。

6.3.2　蒸散发模块参数

蒸散发模块主要采用的是 FAO-56 推荐的 Penman-Moteith 公式计算参考作物蒸散发和潜在蒸散发。模型中所涉及的参数包括水汽分子量之比 a,气化潜热 r。根据 FAO-56 的推荐指南,将参数分别设置为 $a=0.622, r=2.45 \text{ MJ/kg}$。

但是由于本书的研究区比较小,整个区域几乎只有 2~3 个值,而且这一模块模拟出来的结果相对于富锦站(50788)监测值的不是很理想,所以最终将以富锦站的监测数作为潜在蒸发量。蒸发量的监测数据主要由小型蒸发量和大型蒸发量两部分组成。根据之前的研究结果,大型蒸发量相对比较准确,而小型蒸发量偏大(刘小宁等,1998)。而富锦站的每年的 1~4 月和 10~12 月的数据都是只有小型蒸发量,根据之前学者对监测数据的校正(蒋本林和傅志伟,2007),假定在北方小型蒸发量和大小蒸发量之间的转换系数为 0.6,这样可以使监测数据更接近真实值。

6.3.3　产量模块参数

产流模块的参数主要有 2 个：g1 和 g2，分别为时变增益因子的有关参数，其中 g1 为土壤饱和后径流系数，g2 为土壤水影响系数，其取值范围为 $0<g1<1$，$g2>1$，一般情况下，需要通过水文率定的方法进行确定。本节参考叶爱中等的研究成果和董国涛等在三江地区的野外试验结果，将 g1 和 g2 的初始值分别设置为 0.2 和 1.2。

6.3.4　汇流模块参数

汇流模块中最重要的是曼宁糙率系数（N）的确定，它是水力学研究中的一个重要问题，虽然在理论和实验方面均已做过大量的工作，但由于影响它的因素较多且复杂，一般都用河道实测的水文资料来推求，目前也已发展了一些计算半经验性的公式和方法，但是实际应用表明，这些方法获得结果与实际偏差较大，在计算时需要不断根据当地的情况进行调整，同时也缺乏相应的理论支撑，不具有普适性（董文军等，2001）。另外，水文分布式模型是基于网格提取河道，其与实际的河道差别比较大，这些因素都导致河道和坡面的曼宁糙率系数难以确定。根据之前的研究成果，水文分布式模型需要确定坡面和河道曼宁糙率系数，其与土地覆盖类型有关，研究根据 Podmore 和 Huggins（1980）的结果，对不同覆盖类型的坡面进行了取值，见表 6-6。为了更为准确地确定曼宁糙率系数，一般用水文方法进行率定是最好的方法。

表 6-6　不同植被覆盖类型坡面曼宁糙率系数取值

代码	类型名	N	代码	类型名	N
1	常绿针叶林（evergreen needleleaf forest）	0.15	10	草地（grasslands）	0.24
2	常绿针叶林（evergreen broadleaf forest）	0.15	11	永久湿地（permanent wetlands）	0.01
3	落叶针叶林（deciduous needleleaf forest）	0.15	12	农田（croplands）	0.12
4	落叶阔叶林（deciduous broadleaf forest）	0.15	13	城市和建设用地（urban and built-up）	0.01
5	混合林（mixed forest）	0.15	14	农作物和自然植被交错区（cropland/natural vegetation mosaic）	0.12
6	郁闭灌丛（closed shrublands）	0.45			
7	开放灌丛（open shrublands）	0.60	15	雪/冰（snow and ice）	0.01
8	多树草原（woody savannas）	0.18	16	裸地（barren or sparsely vegetated）	0.01
9	稀树草原（savannas）	0.21	17	水体（water bodies）	0.01

6.3.5　模型参数率定及设置

　　模型的率定也俗称参数调试、参数估计或参数优化(Seibert，1999)，目的是为了使模型的模拟输出值与实际观测值误差达到最小，是水文模拟中不可避免的一个过程。一般模型参数的率定方法主要包括自动优选率定法和人工试错率定法。人工试错率定法是根据其对模型参数意义和所研究区域的状况，人工设置一组参数进行模拟，该方法是目前被广泛应用，并在复杂的模型的应用中取得很好的效果。其缺点是效率比较低，每改变一次参数就需要重新进行模拟并评价效果来调整参数，所以研究者必须对模型的原理和地区研究状况非常了解。而自动优先率定法是基于一定的数学算法由程序自动完成参数优选，速度快，人为干预少，是集总式水文模型参数率定的有效方法。对于复杂和空间上存在很大变异性的分布式模型来说，采用自动优化法进行模型校验比较困难，因为随着模拟单元的增加，空间和时间求解呈几何级增加。

　　由于本书的研究区域较小，而且距离水文站点较远，在河流的出口处也无水文监测资料，所以借鉴相同区域的研究成果对模型进行验证。董国涛(2012)在三江平原地区的挠力河进行过模拟和率定，并假设挠力河流域的参数与阿布胶河流域的参数类似。经率定的阿布胶河流域的参数设置见表6-7。

表 6-7　挠力河流域 RS-DTVGM 模型参数设置

参数分类	参数代码	最小值	最大值	参数取值	最佳值	说明
产流参数	g1	0	1	0.2	0.003	地表径流计算参数
	g2	1	10	1.2	1.003	地表径流产流计算系数
	Kr	0	1	0.01	0.0001	表层土壤水出流系数
	Kd	0	1	0.001	0.00002	深层土壤水出流系数
	Kg	0	1	0.0005	0	地下水出流系数
	fc	0	1	0.01	0.001	下渗率
	C1	0	1	0.5	0.5	蒸散发计算参数
	C2	0	1	0.3	0.3	蒸散发计算参数
	C3	0	100	30	30	蒸散发计算参数
	Aroot	0	1	0.1	0.5	蒸散发计算参数
汇流参数	Rn_net	0.001	0.5	0.04	0.3	河道曼宁糙率系数
	a	0	1000	50	80	河宽回归系数
牛顿迭代	maxNO	1	1000	1000	1000	最大迭代次数
参数	maxERR	0	1	0.0001	0.0001	容许的最大计算误差

6.4　阿布胶河流域水文过程模拟

6.4.1　模拟精度评价指标

在 RS-DTVGM 中,选择相关系数 R^2 和 Nash-Sutcliffe 效率系数 NSE 两个指标作为评价指标。

(1) 相关系数 R^2:

$$R^2 = \frac{\left[\sum_{i}^{n}(Q_{m,i}-Q_{m,avg})(Q_{s,i}-Q_{s,avg})\right]^2}{\sum_{i=1}^{n}(Q_{m,i}-Q_{m,avg})^2\sum_{i}(Q_{s,i}-Q_{s,avg})^2} \tag{6-11}$$

式中,Q_m 为测量值,Q_s 为模拟值,$Q_{m,avg}$ 为观测平均值,$Q_{s,avg}$ 为模拟平均值,n 为观测的次数。

(2) Nash-Sutcliffe 系数恒表达式为

$$NSE = 1 - \frac{\sum_{i=1}^{n}(Q_m-Q_s)^2_i}{\sum_{i=1}^{n}(Q_m-Q_{m,avg})^2} \tag{6-12}$$

当 $Q_m=Q_s$ 时,NSE=1,此时模拟效果最好。如果 NSE 为负值,说明模型预测值比直接使用测量值的算术平均值更不具代表性。

6.4.2　模拟结果与分析

表 6-8 为阿布胶河流域采用相似流域的参数所计算的径流结果,由于模型需要预热一年,所以 2006 年的数据为模型的初始化,后面 4 年作为模型模拟的结果。从月模拟的径流结果来看,与实测的挠力河流域的径流趋势存在一定偏差,主要差别在 4 月份,这段时间一般都是河流的融雪时间,所以在流域的出口都会出现一个峰值。而且因为挠力河是典型的大河流,其流量应该比阿布胶河的流量大。阿布胶河是典型的小河流,受季节性影响比较大,所以在融雪时期,其径流峰值会更容易出现。模拟的结果没有反映这样的趋势,而且普遍偏大。故需要重新调整与径流相关的参数。

为了提高 RS-DTVGM 的预测的准确性,本节对输入数据进行一些调整和近似处理。因为研究区域从遥感的角度来看是非常小的,可以认为区域内的蒸散发、气温和降雨在同一时间是相同的,这样可以减小其从遥感数据推求所带来的误差。而对于模型的参数,可以认为董国涛在三江平原流域所率定的蒸散发参数是准确的。而对于与径流相关的参数需要进行调整。

表 6-8　阿布胶河流域 RS-DTVGM 模型模拟的径流结果　（单位：m^3/s）

年份 月份	2006	2007	2008	2009	2010	平均值(7～10)
1	0.11	0.67	0.80	0.34	0.33	0.54
2	0.11	0.82	0.79	0.34	0.25	0.55
3	0.36	0.85	0.46	0.35	0.24	0.48
4	0.24	0.54	0.46	0.84	0.31	0.54
5	0.20	0.43	0.76	0.34	0.62	0.54
6	0.93	0.41	0.67	1.25	0.35	0.67
7	3.20	0.76	1.41	3.49	1.27	1.73
8	35.00	1.80	1.33	2.98	2.36	2.12
9	4.11	0.95	0.72	2.35	2.06	1.52
10	0.30	0.65	0.36	0.60	0.87	0.62
11	0.16	0.81	0.32	0.44	0.62	0.55
12	0.06	0.80	0.33	0.40	0.81	0.59

通过查阅三江平原相关的研究,对 RS-DTVGM 模型中土壤和径流的参数进行调整,选用人工试错法,结合研究区的特征和宋开宇(2011)对挠力河流域率定参数结果,最后的参数设置见表 6-7 中的最佳值,得到的结果如表 6-8 所示。

因为该流域无实测数据,为了进一步说明遥感法所得到的数据的合理性,我们将遥感法的区域法的径流结果进行对比。下面就区域法的合理性和可靠性从 3 个方面进行论证。

从当地的实际情况来看,属于冻融区的季节性小河流,最容易受降水量的影响,一年中有春汛和夏汛两个径流高峰期,这些特征区域法的结果都能体现,一般年份的 4 月和 8 月都会存在峰值,而在 12～2 月几乎径流为 0。

从横向比较来看,与处在同一大流域的挠力河的实测值和研究结果看,一般每年的出现峰值的时间也都是 4 月和 8 月,而阿布胶河与挠力河处于同一流域,地形和一些土壤的物理性质也比较类似,所以区域法的结果与实测值的趋势也比较吻合,但是径流量上存在一些差别,主要是挠力河是大河流,其流域面积约为 $1.089 \times 10^4 \ km^2$,而阿布胶河只有 $140 \ km^2$。

李太兵(2009)在长江河源区的冻土小流域(与本书的研究流域类似)的径流过程模拟结果表明存在春汛和夏汛两个时期,其径流大致范围在 $0.7～2.5 \ m^3/s$,与区域法计算的结果范围 $0.59～1.96 \ m^3/s$ 相近,所以区域法所计算的结果是合理的且能反映阿布胶河流域径流的变化特征。

模型运行需要一个预热期,本节假设 2006 年为预热期,并将 2007～2010 年的径流模拟结果与区域法所做的结果进行比较如图 6-7,其相关系数 R^2 和 NSE 分别为 0.7 和 0.58。2008 年由于其降水量比较少,流域出口的径流流量变化没有像其他的年份那么明显,特别是在夏季表现得很明显,在夏季几乎没有峰值。其模拟的结果越到后期模拟效果越好,所以如果数据时期越长的话,其整体效果会更好。

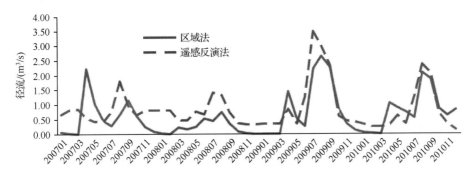

图 6-7 2007~2010 年阿布胶河流域出口区域法径流和遥感反演法径流拟合曲线

参 考 文 献

程红芳,章文波,陈锋. 2008. 植被覆盖度遥感估算方法研究进展. 国土资源遥感,(1):13-18.

董国涛. 2012. 三江平原流域尺度氮迁移过程数字模拟与分析. 北京:北京师范大学硕士学位论文.

董文军,姜亨余,喻文唤. 2001. 一维水流方程中曼宁糙率的参数辨识. 天津大学学报(自然科学与工程技术版),34(2):201-204.

黄晓东,张学通,李霞,梁天刚. 2007. 北疆牧区 MODIS 积雪产品 MOD10A1 和 MOD10A2 的精度分析与评价. 冰川冻土,29(5):722-729.

姜立鹏,覃志豪,谢雯. 2006. MODIS 数据地表温度反演分裂窗算法的 IDL 实现. 测绘与空间地理信息,29(3):114-117.

蒋本林,傅志伟. 2007. 小型蒸发量订正公式的求取和试用. 气象水文海洋仪器,(4):65-69.

金翠,张柏,宋开山. 2009. 基于 MODIS 数据的三江平原土地覆被分类. 资源科学,31(3):515-522.

李太兵. 2009. 长江源典型多年冻土区小流域径流过程特征研究. 兰州:兰州大学硕士学位论文.

刘小宁,王淑清,吴增祥,王颖. 1998. 我国两种蒸发观测资料的对比分析. 应用气象学报,9(3):321-328.

马志勇,沈涛,张军海,李成名. 2007. 基于植被覆盖度的植被变化分析. 测绘通报,(3):45-48.

宋开宇. 2011. 挠力河流域农田演替及其农业非点源污染效应研究. 北京:北京师范大学硕士学位论文.

唐世浩,朱启疆,孙睿. 2006. 基于方向反射率的大尺度叶面积指数反演算法及其验证. 自然科学进展,16(3):331-337.

王奎阳. 2007. 由 SPOT5 提取植被覆盖度技术研究. 杭州:浙江大学硕士学位论文.

瞿瑛,刘素红,谢云. 2008. 植被覆盖度计算机模拟模型与参数敏感性分析. 作物学报,34(11):1964-1969.

曾红娟. 2010. 遥感驱动的分布式水文模型研究及缺资料流域应用. 北京:北京师范大学硕士学位论文.

Andersen J, Dybkjaer G, Jensen K H, Refsgaard J C, Rasmussen K. 2002. Use of remotely sensed precipitation and leaf area index in a distributed hydrological model. Journal of Hydrology, 264(1):34-50.

Aston A R. 1979. Rainfall interception by eight small trees. Journal of Hydrology, 42(3):383-396.

Hock R. 2005. Glacier melt: a review of processes and their modelling. Progress in Physical Geography, 29(3): 362-391.

Podmore T H, Huggins L F. 1980. Surface roughness effects on overland flow. Transactions of the ASAE, 23(6): 1434-1439, 1445.

Seibert J. 1999. Conceptual runoff models-fiction or representation of reality? Uppsala University.

第7章 无资料小流域氮污染负荷时空特征研究

由于流域内没有实测的水文数据,研究采用两套方法所得出的径流结果对SWAT模型进行率定验证,然后再对该地区的非点源污染进行模型。一种方法是本章参考了相同区域挠力河的研究,假设阿布胶河流域和挠力河的地表和模型参数大致相同。根据宋开宇(2011)对挠力河流域的研究,其率定后的参数设置如表7-1;另外一种方法是采用遥感反演得到第3章的径流数据进行率定,然后再对阿布胶河流域进行模拟。

表 7-1 挠力河模型参数率定结果

参数	初始范围	相对最优值	参数	初始范围	相对最优值
r_CN2. mgt	$-0.1\sim0.2$	0.140 78	v_CANMX. hru	$0\sim100$	12.616
v_ALPHA_BF. gw	$0\sim1$	0.128 17	v_ESCO. hru	$0.01\sim1$	0.118 748
v_GW_DELAY. gw	$1\sim45$	36.181 999	v_GWQMN. gw	$0\sim5\,000$	1 274.910 034
v_CH_N2. rte	$0\sim0.5$	0.159 700	v_Usle_P. mgt	$0.1\sim1$	0.136 720
v_CH_K2. rte	$0\sim150$	38.950 53	v_Spexp. bsn	$1\sim1.5$	1.162 040
v_SOL_AWC(1-2). sol	$0\sim1$	0.165 512	v_SPCON. bsn	$0.02\sim0.1$	0.054 302
v_SOL_K(1-2). sol	$-0.2\sim300$	141.460	v_SMTMP. bsn	$-5\sim5$	0.041 820
r_SOL_BD. sol	$0.1\sim0.6$	0.293 97	v_TIMP. bsn	$-5\sim5$	0.29

根据之前对模型参数敏感性分析的结果,挠力河流域的敏感参数和本研究的敏感参数几乎相同,只有 Rchrg_Dp 和 Blai 两个参数与挠力河流域相差较大,Rchrg_Dp 主要影响径流大小,而对于泥沙的产量却无明显影响。相反,Blai 参数主要是对泥沙产量影响比较大,而对于径流影响相对较小。这可能主要与阿布胶河流域的土地利用方式有关,90%以上都是农田和森林,而 Blai 主要依据于植被的覆盖密度。总体来说,挠力河流域这套参数对于同地区的阿布胶河流域应该基本是适用的。

7.1　阿布胶河流域 SWAT 模型构建与模拟

7.1.1　阿布胶河流域空间数据库建立

1. DEM 数据

数字高程模型（DEM）是 SWAT 模型进行流域划分和水系等提取的基础，其分辨率的大小对于模拟的准确度产生了较大的影响，模型中产生的流域水系河网都是在 DEM 的基础上，通过提取地形特征而产生的。目前，本书的研究所采用的 DEM 是栅格格式的，是由国际科学数据服务平台提供的 30 m 分辨率的原始 DEM，在 ARC/INFO 中，经过投影变换、网格重分和流域界限划分等几个步骤得到的，以适于 SWAT 模型的需要（图 7-1）。

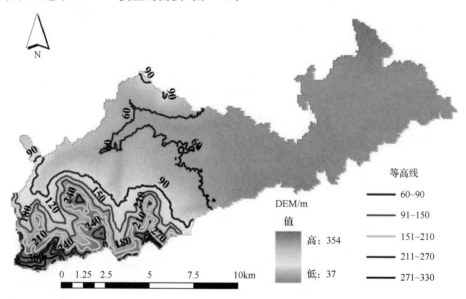

图 7-1　阿布胶河流域数字高程模型（DEM）图

2. 土地利用数据

土地利用类型对于确定非点源污染负荷是非常重要的，不同的土地利用类型的 CN2 值是不同的，这对于非点源模拟计算起到关键作用。本书的研究中土地利用数据是通过遥感解译 2009 年流域内空间分辨率为 30 m×30 m 的 Landset TM 影像获得（表 7-2）。流域的土地利用类型主要由旱田（ACRL）、林地（FRST）、草地（RNGE）、水体（WATR）、建筑（URLD）、湿地（WETL）组成。旱地和林地是其主要的土地利用类型,其各类型所占的比例见图 7-2。

表 7-2　阿布胶河流域土地利用状况

土地利用	面积/km²	百分比/%	土地利用	面积/km²	百分比/%
旱田	73.26	52.80	建设用地	5.19	3.74
林地	39.20	28.25	湿地	16.20	11.68
草地	2.21	1.59			
水体	2.69	1.94	总计	138.75	100.00

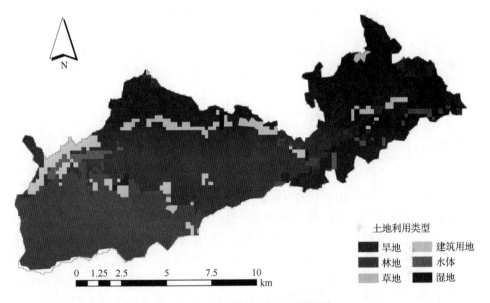

图 7-2　阿布胶河流域土地利用图

3. 土壤类型数据

土壤类型对于确定非点源污染负荷是非常重要的,本书的研究采用南京土壤所提供的 $1:10^6$ 的土壤类型图作为模拟的输入数据。流域共有 7 个土壤类型(图 7-3),分别为沼泽土、草甸土、冲积土、潜育白浆土、草甸白浆土、白浆土和暗棕壤土。

7.1.2　阿布胶河流域属性数据库建立

1. 土壤属性库

SWAT 模型的土壤属性数据库由物理与化学属性两部分组成。土壤的物理

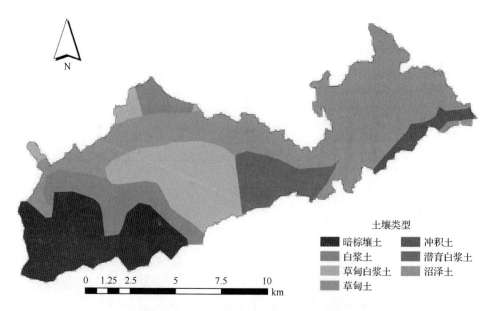

　　　　　　土壤类型

■ 暗棕壤土　　　　　■ 冲积土

■ 白浆土　　　　　　■ 潜育白浆土

■ 草甸白浆土　　　　■ 沼泽土

■ 草甸土

0　1.25 2.5　　5　　　7.5　　10
━━━━━━━━━━━━━━━ km

图 7-3　阿布胶河流域土壤类型分布图

属性部分反映了水在土壤与空气中的存在形式与运动特征,控制着土壤内部水和空气的运动,对每个 HRU 的水循环过程具有很大影响;土壤的化学属性部分反映了土壤的初始状态。其中物理属性是必需的,化学属性是可选的。

　　由于历史原因,我国的土壤普查资料由多种土壤质地体系共存。在前两次普查中,分别采用前苏联制和国际制两种体系(庞靖鹏等,2007),而 SWAT 模型由美国人根据其美国的土壤分类标准开发的土壤数据库,所以进行计算时需要对土壤的一些性质进行转化。首先,需要进行不同粒径转换,这在诸多 SWAT 模型文献中均已提及,可参见原杰辉(2009)的研究。从我国采用的国际制土壤质地体系转换到 SWAT 模型采用的美国制土壤粒径标准,本节采用三次样条插值法对不同粒径制间土壤质地进行数学转换。另外,土壤可利用有效水(SOL_AWC)、饱和水力传导度(SOL_K)、土壤湿密度(SOL_BD)等部分参数是根据 SPAW 软件进行估算的。土壤可蚀性因子 K(USLE_K)是对某一类土壤内在可蚀性的定量描述,表征土壤对侵蚀介质剥蚀和搬运的敏感程度。它主要受土壤机械组成和有机质含量的影响,本书的研究采用 Williams 在 EPIC 模型中的算法计算土壤可蚀性因子(USLE_K)。土壤水文组成是根据美国国家自然资源保护局(NRCS)所规定的土壤的渗透属性,将土壤分为 A~D 四类。最后,将各种类型的土壤的理化参数按照类型输入到数据库文件中(表 7-3)。

表 7-3　SWAT 模型部分土壤物理属性及其意义

变量名称	模型定义
ANION_EXCL	阴离子交换孔隙度
CLAY(layer ♯)	黏土(%)，直径<0.002 mm 的土壤颗粒组成
HYDGRP	土壤水文学分组
ROCK(layer ♯)	砾石(%)，直径>2.0 mm 的土壤颗粒组成
SAND(layer ♯)	沙土(%)，直径在 0.05~2.0 mm 之间的土壤颗粒组成
SILT(layer ♯)	壤土(%)，直径在 0.002~0.05 mm 之间的土壤颗粒组成
SNAM	土壤名称
SOL_ALB(layer ♯)	地表反射率(湿)
SOL_AWC(layer ♯)	土层可利用的有效水(mmH_2O/mmsoil)。
SOL_BD(layer ♯)	土壤湿密度(Mg/m^3 或 g/cm^3)。
SOL_CBN(layer ♯)	有机碳含量
SOL_CRK	土壤最大可压缩量
SOL_EC(layer ♯)	电导率(dS/m)
SOL_K(layer ♯)	饱和水力传导系数(mm/h)
SOL_Z(layer ♯)	土壤表层到土壤底层的深度(mm)
SOL_ZMX	土壤剖面最大根系深度(mm)
TEXTURE	土壤层的结构
TITLE/TEXT	位于. sol 文件的第一行，用于说明文件
USLE_K(layer ♯)	USLE 方程中土壤侵蚀力因子

土壤的化学属性主要包括了土壤中各种形态的氮磷含量，由于所研究区阿布胶河流域暂时无这方面的研究，只能采用模型的默认值(White and Chaubey, 2005)。

2. 气象资料数据库

SWAT 模型中气象数据主要保存在 Userwgn 里面，由于数据库所包含的气象数据都是美国的气象站点的数据，所以在对我们的研究区域进行模拟时，需要对气象站的空间分布(经纬度和高程)、日最高最低气温、太阳辐射、降水量、相对湿度和风速等进行整理，分别计算出其各月的均值、标准差等。本书的研究采用的气象数据为流域内八五九农场气象站和农场周边饶河县气象站 1970~2010 年的逐日数据，其中太阳辐射、露点温度等都通过 SWAT-WEATHER 软件进行计算得到，该软件可以对月均最高气温，月均最低气温等气象数据库所需要数据模块化处理，比用 Excel 处理更加简便容易。

7.1.3　子流域及水文响应单元(HRU)的划分

根据庞靖鹏(2007)的研究,最优的子流域大小的阈值与每个流域总的排泄面积有关,其最优的流域大小阈值分别为流域面积的 2%～5%,本节设置汇水区域阈值为 700 hm²,大约是流域总面积的 5%,共划分 9 个子流域。SWAT 模型的模拟是以水文响应单元(HRU)为基础的,在一个 HRU 中假设只含有唯一的土地利用、管理、土壤性质和坡度等属性,因此一个 HRU 也就具有相同的水文行为。子流域是由多个 HRU 组成,多个 HRU 的结果最终经过汇流得到一个子流域的模拟结果。在定义 HRU 时有三种方法,为了控制生成的水文响应单元的数量,提高模型的运行效率,本节选择一个流域可以有多个 HRU,将土地利用类型、土壤类型和坡度的阈值设置为 3%、5% 和 0%,将研究区域划分为 71 个水文响应单元。

7.1.4　参数敏感性分析

1. 方法与原理

SWAT 模型的运行涉及大量的输入数据及参数,不同输入数据及参数会产生不同的结果,因此模型的物理过程主要都是通过模型的参数来表达的,但是要确定所有模型相关参数的准确值非常困难,也有相当大的工作量,这就需要用户确定哪些对模拟结果比较敏感的参数,这样就可以提高率定和验证的效率以及模型模拟的准确性(白薇等,2009)。

本书的研究对径流的敏感性分析采用 SWAT 模型自带的敏感性分析模块,它将 OAT(One-factor-At-a-Time)分析法与 LH(Latin Hypercube)采样技术相结合,从而能够使所有参数在其取值范围内均被采样,同时还可以定量化某一个参数对模型的输出影响的大小,减少率定的工作量,提高计算效率(Holvoet et al., 2005)。

2. 参数敏感性分析结果

对阿布胶河流域所有与径流和泥沙相关的参数进行绝对敏感性分析,根据参数敏感性分析的结果,选取对径流或者泥沙影响都大的参数进行敏感性分析,共有参数 18 个,其结果如表 7-4。

表 7-4　阿布胶河流域 SWAT 模型参数敏感性分析结果

参数名称	敏感性排名		敏感性排名	
	径流	SN	泥沙	SN
Cn2	1	1.46	3	2.87
Rchrg_Dp	2	0.77	20	0.01

参数名称	敏感性排名		敏感性排名	
	径流	SN	泥沙	SN
Canmx	3	0.66	7	0.96
Esco	4	0.44	11	0.23
Gwqmn	5	0.37	23	0
Sol_Awc	6	0.12	14	0.16
Blai	7	0.12	1	5.40
Sol_Z	8	0.11	9	0.26
Timp	9	0.08	8	0.63
Gw_Revap	10	0.06	25	0
Slope	11	0.03	6	0.97
Sol_K	12	0.02	21	0
Epco	13	0.02	15	0.11
Alpha_Bf	14	0.01	19	0.01
Biomix	15	0.00	5	1.12
Usle_P	25	0.00	2	3.31
Surlag	17	0.00	4	1.31
Slsubbsn	18	0.00	12	0.18

从敏感性分析的结果可以看出，Cn2、Canmx、Esco、Blai、Sol_Awc、Timp、Slope 等对径流和泥沙的结果模拟影响都比较明显，Rechrg_Dp、Gwqmn 等对径流的影响极为显著，而 Usle_P、Surlag、Slsubbsn 等对泥沙的输出影响较大。

7.1.5　模型主要参数物理意义

表 7-5 列出了模型径流和泥沙相关的主要参数及其意义。

表 7-5　SWAT 模型主要参数物理意义

编号	代码	储存文件	参数含义
1	Cn2	mgt	湿润条件下Ⅱ下初始的 SCS 径流曲线数
2	Ch_K2	rte	主河道曼宁系数
3	Blai	crop.dat	最大可能叶面积指数
4	Canmx	mgt	最大冠层截留量（mm）
5	Ch_Cov	rte	主河道曼宁阻力系数
6	Ch_Erod	rte	主河道河床有效水力传导度（mm/h）

编号	代码	储存文件	参数含义
7	Epco	bsn	植物生长补偿系数
8	Ch_N2	rte	主河道河床有效水力传导度(mm/h)
9	Alpha_Bf	gw	基流系数 α,又称基流退水系数,对水文过程线有重要影响
10	Biomix	mgt	表征土壤中生物对土壤物质再分配作用
11	Sol_Z	sol	土层厚度(mm)
12	Esco	bsn	土壤蒸发补偿系数
13	Gw_Revap	gw	地下水再蒸发系数,主要决定含水层中的水向相对非饱和地区水流的强度
14	Gwqmn	gw	浅层含水层的径流最小深度(mm);浅层含水层产生"基流"的阈值深度(mmH_2O)(0~5 000,默认为 0)
15	Rchrg_Dp	gw	深含水层渗透比,从根区渗透到深含水层的比例
16	Revapmn	gw	浅层含水层"再蒸发"或渗透到深层含水层的阈值深度(0~500)
17	Sftmp	bsn	降雪温度℃
18	Slope	hru	水文响应单位平均坡度
19	Slsubbsn	hru	水文响应单元平均坡长(m)
20	Smfmn	bsn	12 月 21 日融雪因子$[mmH_2O/(d \cdot ℃)]$
21	Smfmx	bsn	6 月 21 日融雪因子$[mmH_2O/(d \cdot ℃)]$
22	Smtmp	bsn	融雪温度
23	Sol_Alb	sol	湿润土壤反照率
24	Sol_Awc	sol	土壤层有效水容量$(mmH_2O/mmsoil)$,由田间持水力减去凋萎点计算得出,该值反映了土壤的蓄水能力
25	Sol_K	sol	土壤饱和水力传导度(mm/h),把土壤水流速与水力梯度关联起来,是土壤中水运动难易的量度
26	Spcon	bsn	泥沙被重新携带的线性指数,取值在 0.0001~0.01 之间,默认为 0.0001
27	Spexp	bsn	泥沙被重新携带的幂指数,取值在 1.0~2.0 之间
28	Surlag	bsn	地表径流滞后系数(d)。汇流时间超过 1 d 的大流域,地表径流仅有部分会在形成当天进入主河道
29	Timp	bsn	雪盖温度的滞后因子
30	Tlaps	sub	气温垂直递减率(℃/km)
31	Usle_C	crop. dat	USLE 方程植被覆盖和管理因子
32	Usle_P	mgt	USLE 水土保持措施因子

7.1.6　模型校准和验证

由于模型的参数不能通过直接测量或预先判断来估计,而且模型参数众多,不可能每一个参数都由实验得到,因此为了得到一个相对准确的结果,在模型进行应用分析之前要进行模型校准。模型的校准即将实测资料与模型模拟的结果进行比较,根据实测资料,调整模型的参数,取得好的模拟结果,即通常所说的模型的调参过程。模型的验证是将独立的实测资料与模型的模拟结果进行比较,对模型的适用性进行评价。

本书的研究流域内无水文实测资料,所以采用 RS-DTVGM 模型通过遥感反演得到的径流数据对其进行率定和验证(表 7-6),而泥沙的率定与验证通过借鉴宋开宇(2011)在挠力河所率定和验证的参数(表 7-6)。选用 2006~2008 为校正期,2009~2010 年为验证期。本节使用专门的 SWAT 率定程序——SWATCUP 4.3.7.1 中的 SUFI2 算法(SWAT Calibration and Uncertainty Programs,2008)进行参数的率定和验证,该程序由瑞士联邦水科学技术研究所、Neprash 公司以及美国 Texas A&M University 等合作开发,该方法不仅具有较高的参数率定效率,而且考虑了一切能够引起模拟结果不确定性的因素,如驱动力参数(降雨)、模型概念、数据测定等。模型参数率定结果见表 7-6。

表 7-6　阿布胶河流域模型参数率定结果

参数	初始范围	相对最优值	参数	初始范围	相对最优值
r_CN2.mgt	−0.2~0.2	0.1603	v_CANMX.hru	0~100	12.616
v_ALPHA_BF.gw	0~1	0.1412	v_ESCO.hru	0.01~1	0.0587
v_GW_DELAY.gw	1~45	36.1820	v_GWQMN.gw	0~5 000	1 499.90
v_CH_N2.rte	0~0.5	0.1597	v_Usle_P.mgt*	0.1~1	0.1367
v_CH_K2.rte	0~150	60.52	v_Spexp.bsn*	1~1.5	1.1620
v_SOL_AWC(1).sol	0~1	0.1655	v_SPCON.bsn*	0.02~0.1	0.0543
v_SOL_K(1).sol	−0.2~300	141.4600	v_SMTMP.bsn*	−5~5	0.0418
r_SOL_BD.sol	0.1~0.6	0.2940	v_TIMP.bsn*	−5~5	0.52
v_Rchrg_Dp.gw	0.4~1.0	0.53	v_LAI_INIT.mgt	0-6	2.66

*表明是泥沙率定的参数,来自于宋开宇(2011)率定的结果。其他的参数是通过遥感反演的径流数据所率定得到。

以区域法所做的结果为观测值,与遥感反演法的径流结果对 SWAT 模型率定的结果比较所得出的 R^2 和 NSE 分别为 0.64 和 0.52。从表 7-7 中可以看出 2007 年的模拟效果非常不好,这也是导致其评价指标不太高的原因。对于泥沙的评价结果,由于并没有实测,只是根据之前的研究的移植,其结果相对于区域法偏差较大,其 R^2 和 NSE 分别为 0.56 和 0.45。因为泥沙产量受多种因素的影响,在径流变化后,其泥沙的参数却未改变,使计算出来的结果不准确,同时,区域法所计算出来的结果也存在一定的不确定性,这些都导致了其泥沙结果与区域法所模拟结果有较大出入。

表 7-7　区域法和遥感反演法 SWAT 模型出口径流和泥沙结果比较

月份	区域法		遥感反演法	
	径流/(m³/s)	泥沙/t	径流/(m³/s)	泥沙/t
1	0.05	0.00	0.14	1.20
2	0.02	0.00	0.25	3.80
3	0.11	69.47	0.54	58.54
4	1.21	330.09	0.68	102.36
5	0.78	29.96	0.77	35.59
6	0.59	8.17	1.58	251.38
7	1.00	214.98	2.08	365.21
8	1.96	268.38	5.05	521.24
9	1.75	49.70	3.70	346.83
10	0.77	24.64	2.45	86.95
11	0.38	11.95	0.54	42.56
12	0.15	0.00	0.32	11.25
平均值	0.73	83.94	1.51	152.24

7.2　基于区域化法对阿布胶河流域非点源污染负荷估算与分析

由于流域内没有实测的水文数据,研究采用两套方法所得出的径流结果对 SWAT 模型进行率定验证,然后再对该地区的非点源污染进行模拟。一种方法是本节参考了相同区域挠力河的研究,假设阿布胶河流域和挠力河的地表和模型参数大致相同。根据宋开宇(2011)对挠力河流域的研究,其率定后的参数设置如表 7-8。另外一种方法是采用遥感反演得到第 3 章的径流数据进行率定,然后再对阿布胶河流域进行模拟。

根据之前对模型参数敏感性分析的结果,挠力河流域的敏感参数和本书的研究的敏感参数几乎相同,只有 Rchrg_Dp 和 Blai 两个参数与挠力河流域相差较大,Rchrg_Dp 主要影响径流大小,而对于泥沙的产量却无明显影响。相反,Blai 参数主要是对泥沙产量影响比较大,而对于径流影响相对较小。这可能主要与阿布胶

表 7-8　挠力河模型参数率定结果

参数	初始范围	相对最优值	参数	初始范围	相对最优值
r_CN2. mgt	−0.1~0.2	0.140 78	v_CANMX. hru	0~100	12.616
v_ALPHA_BF. gw	0~1	0.128 17	v_ESCO. hru	0.01~1	0.118 748
v_GW_DELAY. gw	1~45	36.181 999	v_GWQMN. gw	0~5 000	1 274.910 034
v_CH_N2. rte	0~0.5	0.159 700	v_Usle_P. mgt	0.1~1	0.136 720
v_CH_K2. rte	0~150	38.950 53	v_Spexp. bsn	1~1.5	1.162 040
v_SOL_AWC(1-2). sol	0~1	0.165 512	v_SPCON. bsn	0.02~0.1	0.054 302
v_SOL_K(1-2). sol	−0.2~300	141.460	v_SMTMP. bsn	−5~5	0.041 820
r_SOL_BD. sol	0.1~0.6	0.293 97	v_TIMP. bsn	−5~5	0.29

河流域的土地利用方式有关,90%以上都是农田和森林,而 Blai 主要依据于植被的覆盖密度。总体来说,挠力河流域这套参数对于同地区的阿布胶河流域应该基本是适用的。

7.2.1　区域法模拟阿布胶河流域污染负荷年际变化特征

根据挠力河流域的参数估算的阿布胶河流域的非点源模拟结果可以看出(表 7-9),阿布胶河流域的流量有不断下降的趋势,这可能与其上游新建的一个小型水库有关,导致流域出口的流量减小,同时,随着径流而下的各类污染物也相应减少。这可以从各类非点源污染负荷与径流和泥沙变化具有一致的变化趋势中看出来,

表 7-9　阿布胶河流域出口处非点源污染负荷模拟结果

年份	降雨 /mm	径流 /(m³/s)	泥沙 /t	有机氮 /t	硝态氮 /t	总氮 /t	矿化磷 /t	有机磷 /t	总磷 /t
2001	623.3	0.95	1591	8.61	56.00	64.61	1.56	0.90	2.45
2002	721.1	1.04	1179	5.73	46.79	52.52	0.81	0.62	1.43
2003	499	0.45	571	2.75	86.55	89.30	0.49	0.31	0.80
2004	582.6	0.69	895	4.79	10.79	15.58	0.72	0.67	1.39
2005	572.5	0.96	1166	5.90	24.77	30.67	0.24	0.82	1.07
平均值	599.7	0.82	1080	5.56	44.98	50.54	0.76	0.66	1.43
2006	669	0.84	1257	2.13	14.48	16.61	0.28	0.25	0.52
2007	549.1	0.57	875	1.83	14.19	16.02	0.09	0.24	0.34
2008	433.1	0.24	150	0.31	6.32	6.63	0.49	0.05	0.54
2009	625.6	0.89	1471	3.66	37.32	40.98	0.30	0.52	0.82
2010	658.7	0.70	918	1.77	13.92	15.69	0.10	0.23	0.33
平均值	587.1	0.65	934	1.94	17.25	19.19	0.25	0.26	0.51

特别是有机氮和泥沙产量之间的关系,因为在 SWAT 模型中有机氮主要是随着土壤风化和侵蚀进入河流和水体。从两个时期各类污染负荷的平均值来看,阿布胶河流域的各类污染负荷都有不同程度的降低,除土壤侵蚀量以外,其他四项非点源污染负荷都较前一时期下降了 60% 以上,其中下降变化最大的为矿化磷达到 66%。在这几类非点源污染负荷中,最主要的是硝态氮和有机氮,几乎占据非点源污染负荷总量的 90% 以上,如图 7-4 所示。

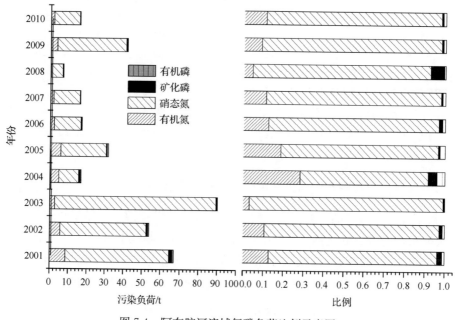

图 7-4　阿布胶河流域氮磷负荷比例示意图

7.2.2　区域法模拟阿布胶河流域污染负荷年内变化特征

阿布胶河流域 2001~2010 年近 10 年间的月平均非点源污染负荷见表 7-10 和图 7-5。从表中可以看出,阿布胶河流域的土壤侵蚀和其他类的非点源污染负荷具有相似的变化趋势,一年之中有两个峰值,分别在 4 月和 8 月,这与阿布胶河流域所处地理位置密切相关。阿布胶河流域处在北纬 47° 左右,属于中高纬度冻融区,每年 11~3 月之间气温会降到 0℃ 以下,在此期间地表皆由冰雪覆盖。来年开春时气温回升,在 3 月底冰雪开始融化,形成大量融雪产流,而且此时植被覆盖度较低,对土壤侵蚀和各类非点源污染物的截留作用也比较小,所以在 3~4 月份土壤侵蚀量和各类非点源污染物会出现一个峰值;从模拟的结果可以看出,每年的 7~8 月也存在一个峰值,这主要是由于夏汛的到来,降雨在该时期比较集中,而且农业生产也主要发生在该时期,随着降雨量的增大,各种非点源污染负荷随之增大,每年这两个时期产生的土壤侵蚀量和非点源污染负荷占据全年 60% 以上;而在 12 月、1 月和 2 月土壤侵蚀和各类非点源污染物的产量几乎都为 0,这主要是因为在这几个月份,地表都被冰雪所覆盖,温度都在零度以下,降雨都以雪的形式储存,也无农业生产,所以土壤侵蚀和其他非点源污染负荷比较小,几乎为 0。在径流模拟中可以明显看出,随着降雨量的增大,径流量、土壤侵蚀量和其他各类负荷也随之增大,由此可见,降雨是该地区土壤侵蚀和非点源污染的主要驱动因子。

表 7-10 阿布胶河流域 2001~2010 年月均非点源污染负荷

月份	降雨 /mm	径流 /(m³/s)	泥沙 /t	有机氮 /t	硝态氮 /t	总氮 /t	矿化磷 /t	有机磷 /t	总磷 /t
1	11.46	0.05	0.00	0.00	0.00	0.00	0.00	0.00	0.00
2	8.88	0.02	0.00	0.00	0.00	0.00	0.00	0.00	0.00
3	18.07	0.11	69.47	0.31	7.74	8.05	0.10	0.04	0.13
4	35.81	1.21	330.09	1.96	4.90	6.86	0.28	0.23	0.51
5	56.14	0.78	29.96	0.12	1.70	1.82	0.01	0.02	0.03
6	56.09	0.59	8.17	0.03	1.12	1.15	0.00	0.00	0.01
7	118.97	1.00	214.98	0.40	1.97	2.37	0.04	0.05	0.09
8	133.29	1.96	268.38	0.72	4.71	5.43	0.07	0.09	0.16
9	61.21	1.75	49.70	0.12	5.40	5.53	0.00	0.02	0.03
10	51.63	0.77	24.64	0.05	1.98	2.04	0.00	0.01	0.01
11	18	0.38	11.95	0.03	1.18	1.21	0.00	0.00	0.01
12	11.88	0.15	0.00	0.00	0.31	0.31	0.00	0.00	0.00
年平均	581.43	0.73	83.94	0.31	2.58	2.90	0.04	0.04	0.08

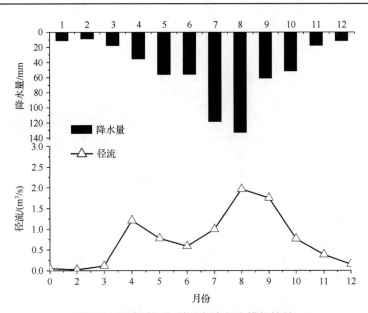

图 7-5 阿布胶河区域法年内径流模拟结果

7.2.3 区域法模拟阿布胶河流域污染负荷空间分布特征

为了全面了解阿布胶河流域农业非点源的分布特征,本节将 2001～2010 年分为两个时期(2001～2005 年,2006～2010 年)来比较分析土壤侵蚀量、氮磷污染负荷在各个子流域的空间上的变化特征。

1. 土壤侵蚀

根据区域法所统计出的阿布胶河流域土壤侵蚀空间分布特征见图 7-6。从图中可以看出,两个时期的流域的土壤侵蚀主要在流域的中游和下游,中游所处的子流域的土地利用类型主要为种植小麦和水稻的耕地等,而且河流在此地段比较蜿蜒,容易导致随着径流而下的泥沙的累积,这些因素都可能是导致其土壤侵蚀比较严重的原因;而下游有大片的湿地,对土壤侵蚀具有一定抵抗能力,虽处于流域的

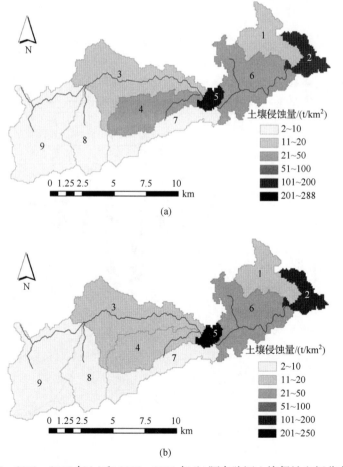

图 7-6　2001～2005 年(a)和 2006～2010 年(b)阿布胶河土壤侵蚀空间分布图

出口,其土壤侵蚀的程度相对中游要小;上游地区植被覆盖度较高,主要以林地为主,且有一个水库,都对土壤侵蚀具有减缓作用。两个时期的土壤侵蚀情况在空间分布上是大致相同的,而 2006～2010 年的土壤侵蚀量相对前一时期要低,这与后一时期的降雨与径流的减少具有一定关系。2006～2010 年这段时间的平均降雨量和径流量分别为 587.1 mm 和 0.65 m³/s,特别是在 2008 年降低至 433.1 mm 和 0.24 m³/s,而该地区坡降较小,几乎是平原地区,降雨和径流是该地区土壤侵蚀的主要驱动因子,所以降雨和径流的变小可能是土壤侵蚀量减小的主要原因。

2. 氮负荷空间分布

两个时期阿布胶河流域有机氮负荷空间分布如图 7-7 所示。由于该流域比较小,其有机氮污染负荷分布差异并未发生明显变化,而总量变化却很大。最严重的区域是在流域的中游和流域出口,这和土壤侵蚀量的空间分布模式是一致的,因为

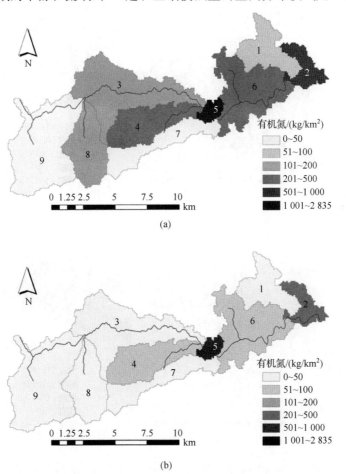

图 7-7　2001～2005 年(a)和 2006～2010 年(b)阿布胶河有机氮负荷空间分布图

在 SWAT 模拟中有机氮主要以泥沙吸附态的形式进入水体。前一时期,流域内有机氮负荷范围约为 $0.38 \sim 28.35$ kg/hm², 后一时期其有机氮污染负荷范围为 $0.13 \sim 7.8$ kg/hm², 相比前一时期, 各个子流域的污染负荷都有不同程度的下降, 其中变化最大的子流域为 3、5、6、8, 下降约 70% 以上, 而这些区域主要以耕地和农田为主, 这说明其人为活动对其有机氮污染负荷也会产生影响。

　　硝态氮的空间分布大致和有机氮分布一致(图 7-8), 除子流域 1 之外的其他流域都较上一时期的硝态氮有所下降, 从前一时期的 1.21 kg/hm² 上升到 1.38 kg/hm²。该子流域无河流经过, 对于由于降雨和径流从上游和中游所带来的氮污染负荷的影响较小, 而该子流域主要以耕地和农田为主, 硝态氮负荷主要是受农业生产活动的影响, 所以子流域的硝态氮负荷的增加主要是受子流域的农业生产影响而产生。

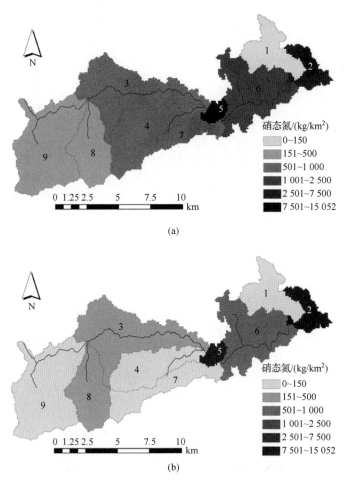

图 7-8　2001~2005 年(a)和 2006~2010 年(b)阿布胶河硝态氮负荷空间分布图

阿布胶河流域的总氮的分布规律(图7-9)基本上和土壤侵蚀量的分布一致,其总氮负荷比较高的区域仍是子流域2和5,除子流域1总氮负荷几乎保持不变,这也印证了该子流域由于无河流流过,不受由于降雨与径流所带来非点源污染负荷;其他的子流域的总氮负荷在后一时期都有所降低,其变化最大的子流域为4达到80%以上,其他的子流域的变化基本都在60%,这些变化主要是后一时期的降雨和径流变化所引起。

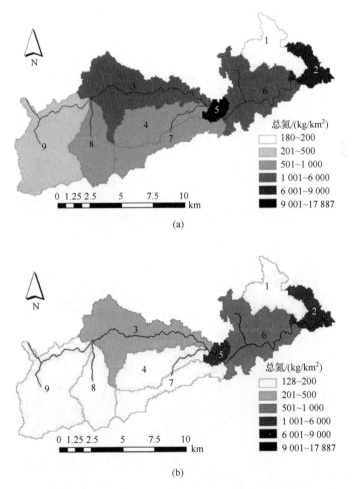

图 7-9　2001~2005 年(a)和 2006~2010 年(b)阿布胶河总氮负荷空间分布图

3. 磷负荷空间分布

阿布胶河流域有机磷、矿化磷和总磷的负荷空间分布情况见图7-10。从图可以看出,总体上看,各种非点源磷负荷分布同土壤侵蚀分布和氮的分布规律相差不

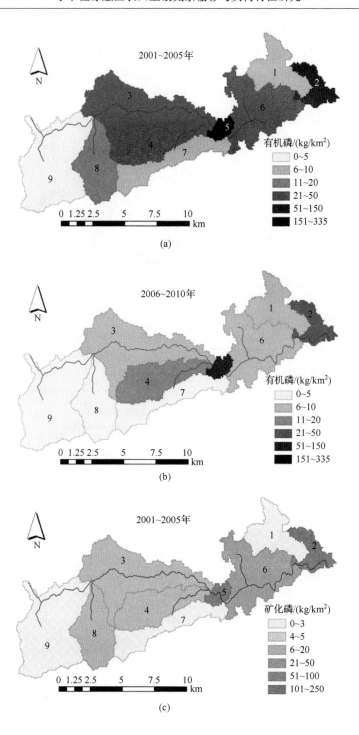

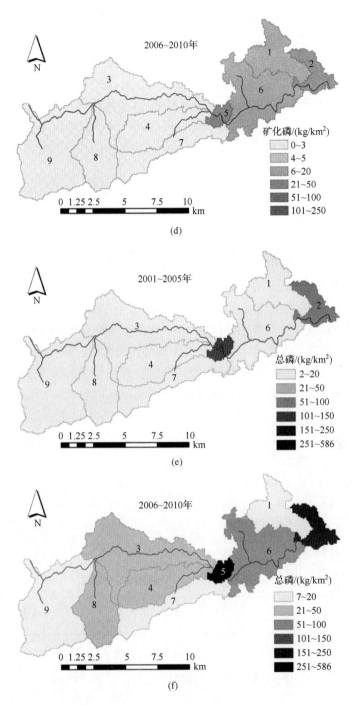

图 7-10　2001~2005 年和 2006~2010 年阿布胶河有机磷(a、b)、矿化磷(c、d)和
总磷(e、f)负荷空间分布图

大,几乎所有子流域后一期的 3 种磷负荷都较前一期低,其污染负荷较高的区域仍是处于中游和下游的子流域 5 和 2,这与氮污染负荷的变化是一致的。主要区别是在矿化磷,其在子流域 1 上的变化与硝态氮变化是一致的,在后一时期还有所上升,这可能与在该子流域进行施肥等农业活动有关,因为无机磷是作物生长所必需的营养元素。磷污染负荷约 70% 来自有机磷,而矿化磷所占的比例相对较小。虽然后一时期人为的活动较前一时期强烈,但其各类磷污染负荷却相对减小,几乎都下降约 60%。

7.3　基于遥感反演法阿布胶河流域非点源污染时空分布特征

7.3.1　遥感反演法非点源污染年际变化特征及其比较

从年际的角度变化来看,遥感反演法和区域化法所计算出来的结果差别不是很大(表 7-11),2008 年由于其降雨量比较少,除矿化磷以外,其径流和其他各类污染负荷在这 5 年之中都是最小的,这种分布模式在两种方法的结果是一致的,可见径流对于泥沙和其他各类非点源负荷的影响是比较大的。矿化磷一般都是随着泥沙进入水体,所以在某种程度上和泥沙的产量存在正相关的关系,但是在本地区,与泥沙量关系不是很明显,所以也有可能是由于地区的农业生产活动或者施肥造成的矿化磷负荷的增加。

表 7-11　基于遥感反演的阿布胶河流域出口处非点源污染负荷表

区域化法	径流 /(m³/s)	泥沙 /t	有机氮 /t	硝态氮 /t	总氮 /t	矿化磷 /t	有机磷 /t	总磷 /t
2006	0.84	1257	2.13	14.48	16.61	0.28	0.25	0.52
2007	0.57	875	1.83	14.19	16.02	0.09	0.24	0.34
2008	0.24	150	0.31	6.32	6.63	0.49	0.05	0.54
2009	0.89	1471	3.66	37.32	40.98	0.3	0.52	0.82
2010	0.7	918	1.77	13.92	15.69	0.1	0.23	0.33
平均值	0.65	934	1.94	17.25	19.19	0.25	0.26	0.51
遥感反演法	径流 /(m³/s)	泥沙 /t	有机氮 /t	硝态氮 /t	总氮 /t	矿化磷 /t	有机磷 /t	总磷 /t
2006	0.86	1310	2.33	14.16	16.49	0.31	0.27	0.58
2007	0.58	961	2.46	15.14	17.60	0.11	0.32	0.44
2008	0.25	178	0.36	5.61	5.97	0.17	0.06	0.23
2009	0.91	1574	3.14	36.85	39.99	0.34	0.42	0.75
2010	0.72	963	2.44	12.50	14.94	0.12	0.33	0.45
平均值	0.66	997	2.15	16.85	19.00	0.21	0.28	0.49

7.3.2　遥感反演法非点源污染年内变化特征及其比较

通过对遥感反演法的模拟 2007～2010 年 4 年间的月份结果进行统计,得到出口处的非点源污染负荷随月份变化见表 7-12 和图 7-11。这几类非点源污染负荷与径流和泥沙产量的变化大致相同。在冻融时期(1 月、2 月、12 月)的磷负荷几乎都为 0,这个比较合理,因为在冻融时期,几乎是只有底层少量的水体在移动;而对于氮负荷,这些月份的氮磷负荷也在合理范围之内,硝态氮比有机氮的负荷更高,这个可能因为硝态氮主要是伴随泥沙而释放的,而有机氮主要和农业活动有关,而在这些月份都无农业活动,所以有机氮含量都比较低。一般每年的 7～8 月份各类非点源污染负荷会达到最大,这主要受夏汛的影响,随后几个月其非点源污染负荷就不断的减小。

表 7-12　基于遥感反演的阿布胶河流域出口处非点源污染负荷结果

月份	降雨 /mm	径流 /(m³/s)	泥沙 /t	有机氮 /t	硝态氮 /t	总氮 /t	矿化磷 /t	有机磷 /t	总磷 /t
1	11.46	0.14	1.20	0.1	0.36	0.46	0	0	0
2	8.88	0.25	3.80	0	0.04	0.04	0	0	0
3	18.07	0.54	58.54	2.88	12.41	15.29	0.21	0.36	0.57
4	35.81	0.68	62.36	2.51	26.29	28.8	0.22	0.43	0.65
5	56.14	0.77	65.59	2.38	32.97	35.35	0.29	0.2	0.49
6	56.09	1.58	251.38	0.36	41.87	42.23	0.22	0.05	0.27
7	118.97	2.08	365.21	4.2	59.51	63.71	0.45	0.52	0.97
8	133.29	5.05	521.24	6.81	85.17	91.98	0.8	0.81	1.61
9	61.21	3.70	346.83	1.65	66.9	68.55	0.13	0.21	0.34
10	51.63	2.45	86.95	0.66	43.93	44.59	0.04	0.09	0.13
11	18	0.54	42.56	0.29	8.85	9.14	0.01	0.04	0.05
12	11.88	0.32	11.25	0.21	2.18	2.18	0	0	0
年平均	48.45	1.51	152.24	1.82	31.70	33.53	0.41	0.4	0.81

相对于区域法的结果,最大的差别在于 4 月、5 月,在这两个月份中并未出现一个峰值来反映三江平原地区特有的冻融过程,也即前面提到的春汛。模拟的各类非点源负荷在 6 月份出现一个急剧升高的过程,将这个融雪的过程延迟了将近 1 个多月,这可能与 RS-DTVGM 模型中融雪模块的设计有关,或者是由于遥感数据分辨率过大,而研究区又相对较小,增大了结果的不确定性。

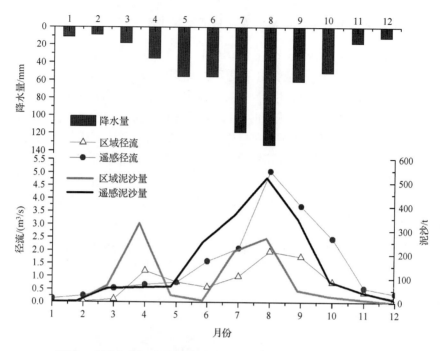

图 7-11　阿布胶河流域遥感反演法和区域法年内径流变化比较图

7.3.3　遥感反演法非点源污染空间分布特征及其比较

为了进一步评价遥感反演法的模拟效果,本节就这两种方法所统计出的 2006~2010 年的土壤侵蚀和各类非点源污染负荷分布特征进行比较。

1. 土壤侵蚀

从图 7-12 中可以看出,这两种方法得到的土壤侵蚀负荷的总体分布是一致的,土壤侵蚀量比较高的区域主要都在下游和中游,而在上游和无河流经过的子流域 7 土壤侵蚀量比较低。但是遥感反演所得到的结果在子流域的层面上都较区域法所得结果高,遥感反演法所得到土壤侵蚀量的范围为 9~263 t/km²,而区域法所模拟的结果范围为 2~250 t/km²。特别在出口处,其含量从区域法的 166 t/km² 达到了遥感反演法的 263t/km²,而中游的子流域相对从 269 t/km² 下降到 186t/km²。这种增大的变化主要是由于遥感法模拟的径流增大和不同子流域的覆盖类型引起的,因为在研究区,大部分地区都是平原,坡度相对较小,地形因子的影响不大,在下游和中游都是以农田为主,相比于上游的森林,更容易发生土壤侵蚀。

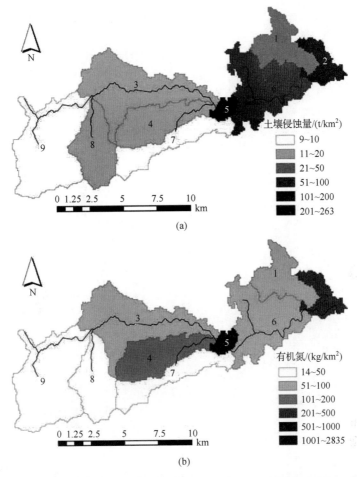

图 7-12　2006～2010 年基于遥感反演法(a)和区域化方法(b)阿布胶河土壤侵蚀
负荷空间分布图

2. 氮负荷空间分布

图 7-13、图 7-14 和图 7-15 分别为遥感反演法和区域法模拟 2006～2010 年阿布胶河流域的有机氮、硝态氮和总氮的空间分布特征图。总体上看,三种氮负荷在不同子流域的分布是大致相同的:子流域 2 和子流域 5 的各类负荷都较其他子流域高,上游的子流域 8 和 9 的氮污染负荷都比较低,总体上越往下游,其各类氮污染负荷都有不同程度上升。这种分布可能主要与其区域内的土地利用类型有关,上游主要以森林为主,而在中游和下游主要是以农田和耕地为主,再夏季的时候河流会因为降雨的增多发生暴涨的情况,耕作和施肥活动产生的氮负荷就会移动,并随着河流流动,所以越往下游,这种负荷越高,在出口处达到最大。

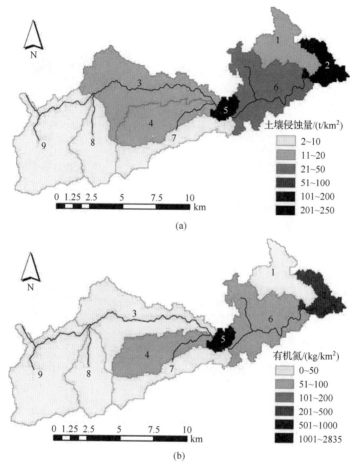

图 7-13　2006～2010 年基于遥感反演法(a)和区域化方法(b)阿布胶河有机氮负荷空间分布图

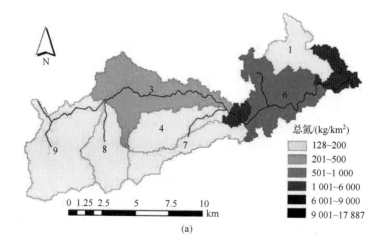

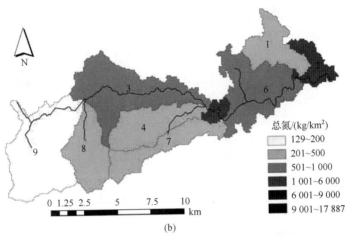

图 7-14　2006~2010 年基于遥感反演法(a)和区域化方法(b)阿布胶河硝态氮负荷空间分布图

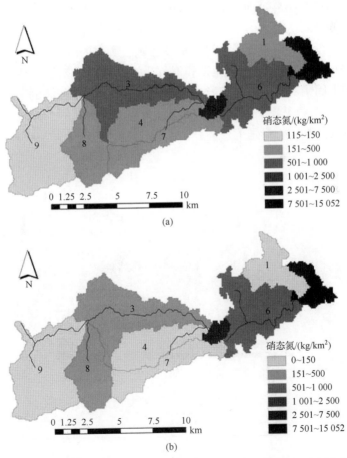

图 7-15　2006~2010 年基于遥感反演法(a)和区域化方法(b)阿布胶河总氮负荷空间分布图

从两种方法所得到的模拟结果来看,遥感反演法所得到的有机氮、硝态氮和总氮的含量都较区域法的结果高,但是其污染负荷的相对高低是一致的,这和土壤侵蚀的分布规律保持一致。遥感反演法所得到的有机氮负荷范围为 $14 \sim 864$ kg/km²,这与宋开宇(2011)在研究三江平原地区所得到的 $50 \sim 1500$ kg/km²处在同一个数量级水平上。同时其分布与土壤侵蚀分布大体相同,这主要是因为有机氮主要是以泥沙吸附态的形式进入水体,水土流失是造成有机氮负荷的主要因素;而对于硝态氮,其范围为 $170 \sim 3892$ kg/km²,这个结果要比宋开宇(2011)所得到的三江平原地区的 $146 \sim 2009$ kg/km² 数据高,最主要原因可能是阿布胶河流域的农业和人类活动比较激烈,而硝态氮也是主要受农业生产活动释放到环境中的。对于总氮,其硝态氮所占的比重比有机氮要高,因此其分布也和硝态氮分布大致相同。

3. 磷负荷空间分布

2006~2010 年五年间阿布胶河流域平均有机磷、矿化磷和总磷负荷分布如图 7-16。总体看来,三者的空间分布大致与土壤侵蚀与氮负荷的空间分布一致,而遥感反演法所得到的磷的负荷空间分布较区域法所得的磷的空间符合要高,由此可见,磷负荷的分布的影响因素应该和氮负荷的影响因素相同,降水、泥沙、土地利用类型和地形因子对它们的分布影响比较重大。但是负荷较高的子流域模拟结果与氮负荷不同,可以从图 7-16 中看到由遥感反演法所得到的子流域 2 和 5 的污染负荷级别都处在都同一级别上。

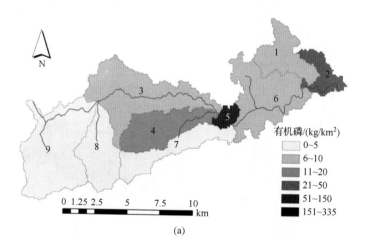

(a)

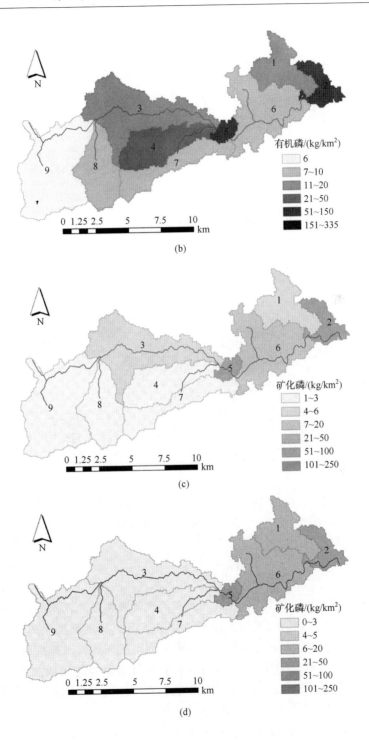

(b)

(c)

(d)

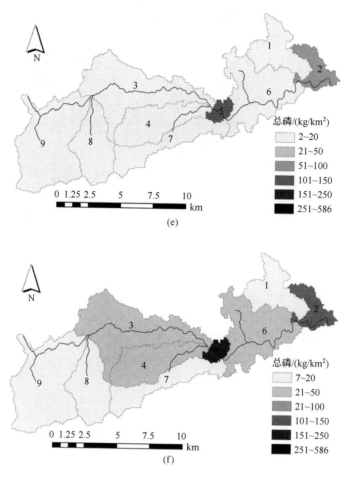

图 7-16　2006~2010 年基于遥感反演和区域化方法阿布胶河有机磷(a、b)、矿化磷(c、d)和
　　　　总磷(e、f)负荷空间分布图

7.4　小　　结

（1）结合阿布胶河流域的地形、气候和河流等属性,区域法所得到的结果是合理的,与更大流域的挠力河流域的模拟结果吻合度较高;遥感反演法所得结果在年际层面上吻合度很高,但在年内模拟上稍有不足,主要是区域的融雪过程没有很好地表达出来,7~8 月份的径流较区域法的高,但是其趋势与区域法的所得到的结果保持一致,因此两种方法所得到的结果也具有可比性。总体来看,遥感反演法在该地区的径流和非点源模拟上是适用的。

（2）总体来看,阿布胶河流域农业非点源污染负荷在随着河流由上游到下游,土壤侵蚀和各类氮磷负荷都在不断增大,且它们的分布与土壤侵蚀大体上是一致的。该流域除上游的西南部分是山区外,其他部分都是以平原为主的且以农田和旱地为主,在中游和下游坡度很小,地表径流的侵蚀力也不是很大,所以地形因子对于该地区的土壤侵蚀和各类氮磷负荷影响不大。根据区域法所得到的 2001~2005 年与 2006~2010 年的土壤侵蚀和各类氮磷负荷比较来看,降水量是该地区污染负荷分布的最主要影响因素,这种推断在遥感反演法所得到的负荷分布也得到验证,一般降水量大的年份土壤侵蚀和各类氮磷污染负荷较高,2008 年降水量最低,其相对应的土壤侵蚀和各类非点源负荷都是最低的。同时,从土壤侵蚀分布来看,其土地利用类型对于土壤侵蚀和氮磷污染负荷也有一定影响,流域上游主要以森林的山区为主,坡度较中下游的耕地要大,但其土壤侵蚀和氮磷污染负荷较小,其主要原因是森林具有保持水土的作用,而农业用地相对较土壤较松,对于地表径流的抵御能力低,容易发生水土流失,这样也导致其氮磷负荷较上游高。综上所述,土壤侵蚀、各类氮磷污染负荷的空间分布与降水量、地形因素、土地利用类型均有一定的空间相关性,通过比较和初步判断,可认为三种因素对土壤侵蚀和氮磷负荷的空间分布的影响大小顺序为:降水量>土地利用类型>地形因子。

参 考 文 献

白薇,刘国强,董一威,许娟,雷晓辉. 2009. SWAT 模型参数自动率定的改进与应用. 中国农业气象,30(增 2):271-275.

庞靖鹏. 2007. 非点源污染分布式模拟. 北京:北京师范大学博士学位论文.

庞靖鹏,徐宗学,刘昌明. 2007. SWAT 模型中天气发生器与数据库构建及其验证. 水文,(5):25-30.

宋开宇. 2011. 挠力河流域农田演替及其农业非点源污染效应研究. 北京:北京师范大学硕士学位.

原杰辉. 2009. SWAT 模型在农业非点源污染研究中的应用. 长春:吉林大学硕士学位论文.

Holvoet K, van Griensven A, Seuntjens P, Vanrolleghem P A. 2005. Sensitivity analysis for hydrology and pesticide supply towards the river in SWAT. Physics and Chemistry of the Earth, Parts A/B/C, 30(8-10):518-526.

White K L, Chaubey I. 2005. Sensitivity analysis, calibration, and validations for a multisite and multivariable SWAT modell. Journal of the American Water Resources Association, 41(5):1077-1089.

附　　录

水质　总氮的测定
碱性过硫酸钾消解紫外分光光度法
（HJ 636—2012）

1　适用范围

本标准规定了测定水中总氮的碱性过硫酸钾消解紫外分光光度法。

本标准适用于地表水、地下水、工业废水和生活污水中总氮的测定。

当样品量为 10 ml 时,本方法的检出限为 0.05 mg/L,测定范围为 0.20～7.00 mg/L。

2　规范性引用文件

本标准内容引用了下列文件或其中的条款。凡是不注明日期的引用文件,其有效版本适用于本标准。

　　HJ/T 91　　　　　　　　　地表水和污水监测技术规范

　　HJ/T 164　　　　　　　　 地下水环境检测技术规范

3　术语和定义

下列术语和定义适用于本标准。

总氮　total nitrogen(TN)

指在本标准规定的条件下,能测定的样品中溶解态氮及悬浮物中氮的总和,包括亚硝酸盐氮、硝酸盐氮、无机铵盐、溶解态氨及大部分有机含氮化合物中的氮。

4　方法原理

在 120～124 ℃下,碱性过硫酸钾溶液使样品中含氮化合物的氮转化为硝酸盐,采用紫外分光光度法于波长 220 nm 和 275 nm 处,分别测定吸光度 A_{220} 和 A_{275},按公式(1)计算校正吸光度 A,总氮(以 N 计)含量与校正吸光度 A 成正比。

$$A = A_{220} - 2A_{275} \tag{1}$$

5　干扰和消除

5.1　当碘离子含量相对于总氮含量的 2.2 倍以上,溴离子含量相对于总氮含量的 3.4 倍以上时,对测定产生干扰。

5.2　水样中的六价铬离子和三价铁离子对测定产生干扰,可加入 5% 盐酸羟胺溶液 1～2 ml 消除。

6　试剂和材料

除非另有说明,分析时均使用符合国家标准的分析纯试剂,实验用水为无氨水(6.1)。

6.1　无氨水

每升水中加入 0.10 ml 浓硫酸蒸馏,收集馏出液于具塞玻璃容器中。也可使用新制备的去离子水。

6.2　氢氧化钠(NaOH)

含氮量应小于 0.0005%。

6.3　过硫酸钾($K_2S_2O_8$)

含氮量应小于 0.0005%。

6.4　硝酸钾(KNO_3):基准试剂或优级纯。

在 105~110℃下烘干 2 h,在干燥器中冷却至室温。

6.5　浓盐酸:$\rho(HCl)=1.19$ g/ml。

6.6　浓硫酸:$\rho(H_2SO_4)=1.84$ g/ml。

6.7　盐酸溶液:1+9。

6.8　硫酸溶液:1+35。

6.9　氢氧化钠溶液:$\rho(NaOH)=200$ g/L

称取 20.0 g 氢氧化钠(6.2)溶于少量水中,稀释至 100 ml。

6.10　氢氧化钠溶液:$\rho(NaOH)=20$ g/L

量取氢氧化钠溶液(6.9)10.0 ml,用水稀释至 100 ml。

6.11　碱性过硫酸钾溶液

称取 40.0 g 过硫酸钾(6.3)溶于 600 ml 水中(可置于 50℃水浴中加热至全部溶解);另称取 15.0 g 氢氧化钠(6.2)溶于 300 ml 水中。待氢氧化钠溶液温度冷却至室温后,混合两种溶液定容至 1000 ml,存放于聚乙烯瓶中,可保存一周。

6.12　硝酸钾标准贮备液:$\rho(N)=100$ mg/L

称取 0.7218 g 硝酸钾(6.4)溶于适量水,移至 1000 ml 容量瓶中,用水稀释至标线,混匀。加入 1~2 ml 三氯甲烷作为保护剂,在 0~10℃暗处保存,可稳定 6个月。也可直接购买市售有证标准溶液。

6.13　硝酸钾标准使用液:$\rho(N)=10.0$ mg/L

量取 10.00 ml 硝酸钾标准贮备液(6.12)至 100 ml 容量瓶中,用水稀释至标线,混匀,临用现配。

7　仪器和设备

7.1　紫外分光光度计:具 10 mm 石英比色皿。

7.2　高压蒸汽灭菌器:最高工作压力不低于 1.1~1.4 kg/cm²;最高工作温度不低于 120~124℃。

7.3　具塞磨口玻璃比色管：25 ml。

7.4　一般实验室常用仪器和设备。

8　样品

8.1　样品的采集和保存

参照 HT/T 91 和 HJ/T 164 的相关规定采集样品。

将采集好的样品贮存在聚乙烯瓶或硬质玻璃瓶中，用浓硫酸(6.6)调节 pH 至 1~2，常温下可保存 7 d。贮存在聚乙烯瓶中，−20℃冷冻，可保存一个月。

8.2　试样的制备

取适量样品用氢氧化钠溶液(6.10)或硫酸溶液(6.8)调节 pH 至 5~9，待测。

9　分析步骤

9.1　校准曲线的绘制

分别量取 0.00、0.20 ml、0.50 ml、1.00 ml、3.00 ml 和 7.00 ml 硝酸钾标准使用液(6.13)于 25 ml 具塞磨口玻璃比色管中，其对应的总氮(以 N 计)含量分别为 0.00、2.00 μg、5.00 μg、10.0 μg、30.0 μg 和 70.0 μg。加水稀释至 10.00 ml，再加入 5.00 ml 碱性过硫酸钾溶液(6.11)，塞紧管塞，用纱布和线绳扎紧管塞，以防弹出。将比色管置于高压蒸汽灭菌器中，加热至顶压阀吹气，关阀，继续加热至 120℃开始计时，保持温度在 120~124℃之间 30 min。自然冷却、开阀放气，移去外盖，取出比色管冷却至室温，按住管塞将比色管中的液体颠倒混匀 2~3 次。

注 1：若比色管在消解过程中出现管口和管塞破裂，应重新取样分析。

每个比色管分别加入 1.0 ml 盐酸溶液(6.7)，用水稀释至 25 ml 标线，盖塞混匀。使用 10 mm 石英比色皿，在紫外分光光度计上，以水作参比，分别于波长 220 nm 和 275 nm 处测定吸光度。零浓度的校正吸光度 A_b，其他标准系列的校正吸光度 A_s 及其差值 A_r 按公式(2)、(3)和(4)进行计算。以总氮(以 N 计)含量(μg)为横坐标，对应的 A_r 值为纵坐标，绘制校准曲线。

$$A_b = A_{b220} - 2A_{b275} \tag{2}$$

$$A_s = A_{s220} - 2A_{s275} \tag{3}$$

$$A_r = A_s - A_b \tag{4}$$

式中：

A_b——零浓度(空白)溶液的校正吸光度；

A_{b220}——零浓度(空白)溶液于波长 220 nm 处的吸光度；

A_{b275}——零浓度(空白)溶液于波长 275 nm 处的吸光度；

A_s——标准溶液的校正吸光度；

A_{s220}——标准溶液于波长 220 nm 处的吸光度；

A_{s275}——标准溶液于波长 275 nm 处的吸光度；

A_r——标准溶液校正吸光度与零浓度(空白)溶液校正吸光度的差。

9.2　测定

量取 10.00 ml 试样(8.2)于 25 ml 具塞磨口玻璃比色管中,按照 9.1 步骤进行测定。

注 2:试样中的含氮量超过 70 μg 时,可减少取样量并加水稀释至 10.00 ml。

9.3　空白试验

10　结果计算与表示

10.1　结果计算

参照公式(2)～(4)计算试样校正吸光度和空白试验校正吸光度差值 A_r,样品中总氮的质量浓度 ρ(mg/L)按公式(5)进行计算。

$$\rho = \frac{(A_r - a) \times f}{bV} \tag{5}$$

式中:

ρ——样品中总氮(以 N 计)的质量浓度,mg/L;

A_r——试样的校正吸光度与空白试验校正吸光度的差值;

a——校准曲线的截距;

b——校准曲线的斜率;

V——试样体积,ml;

f——稀释倍数。

10.2　结果表示

当测定结果小于 1.00 mg/L 时,保留到小数点后两位;大于等于 1.00 mg/L 时,保留三位有效数字。

11　精密度和准确度

11.1　精密度

6 家实验室对总氮质量浓度为 0.20 mg/L、1.52 mg/L 和 4.78 mg/L 的统一样品进行了测定,实验室内相对标准偏差分别为:4.1%～13.8%,0.6%～4.3%,0.8%～3.4%;实验室间相对标准偏差分别为:8.4%,2.7%,1.8%;重复性限分别为:0.06 mg/L,0.14 mg/L,0.27 mg/L;再现性限分别为:0.07 mg/L,0.17 mg/L,0.35 mg/L。

11.2　准确度

6 家实验室对总氮质量浓度分别为(1.52±0.10)mg/L 和(4.78±0.34)mg/L 的有证标准样品进行了测定,相对误差分别为:1.3%～5.3%,0.2%～4.2%;相对误差最终值($\overline{RE} \pm 2S_{\overline{RE}}$)分别为 2.6%±2.8%,1.5%±3.2%。

12　质量保证和质量控制

12.1　校准曲线的相关系数 r 应大于等于 0.999。

12.2　每批样品应至少做一个空白试验,空白试验的校正吸光度 A_b 应小于

0.030。超过该值时应检查实验用水、试剂(主要是氢氧化钠和过硫酸钾)纯度、器皿和高压蒸汽灭菌器的污染状况。

12.3　每批样品应至少测定 10％的平行样,样品数量少于 10％时,应至少测定一个平行双样。当样品总氮含量≤1.00 mg/L 时,测定结果相对偏差应≤10％;当样品总氮含量>1.00 mg/L 时,测定结果相对偏差应≤5％。测定结果以平行双样的平均值报出。

12.4　每批样品应测定一个校准曲线中间点浓度的标准溶液,其测定结果与校准曲线该点浓度的相对误差应≤10％。否则,需重新绘制校准曲线。

12.5　每批样品应至少测定 10％的加标样品,样品数量少于 10 时,应至少测定一个加标样品,加标回收率应在 90％~110％之间。

13　注意事项

13.1　某些含氮有机物在本标准规定的测定条件下不能完全转化为硝酸盐。

13.2　测定应在无氨的实验室环境中进行,避免环境交叉污染对测定结果产生影响。

13.3　实验所用的器皿和高压蒸汽灭菌器等均应无氨污染。实验中所用的玻璃器皿应用盐酸溶液(6.7)或硫酸溶液(6.8)浸泡,用自来水冲洗后再用无氨水冲洗数次,洗净后立即使用。高压蒸汽灭菌器应每周清洗。

13.4　在碱性过硫酸钾溶液配制过程中,温度过高会导致过硫酸钾分解失效,因此要控制水浴温度在 60 ℃以下,而且应待氢氧化钠溶液温度冷却至室温后,再将其与过硫酸钾溶液混合、定容。

13.5　使用高压蒸汽灭菌器时,应定期检定压力表,并检查橡胶密封圈密封情况,避免因漏气而减压。

水质　氨氮的测定　水杨酸分光光度法
(HJ 536—2009)

1　适用范围

本标准规定了测定水中氨氮的水杨酸分光光度法。

本标准适用于地下水、地表水、生活污水和工业废水中氨氮的测定。

当取样体积为 8.0 ml,使用 10 mm 比色皿时,检出限为 0.01 mg/L,测定下限为 0.04 mg/L,测定上限为 1.0 mg/L(均以 N 计)。

当取样体积为 8.0 ml,使用 30 mm 比色皿时,检出限为 0.004 mg/L,测定下限为 0.016 mg/L,测定上限为 0.25 mg/L(均以 N 计)。

2　方法原理

在碱性介质(pH=11.7)和亚硝基铁氰化钠存在下,水中的氨、铵离子与水杨酸盐和次氯酸离子反应生成蓝色化合物,在 697 nm 处用分光光度计测量吸光度。

3　干扰及消除

本方法用于水样分析时可能遇到的干扰物质及限量。

苯胺和乙醇胺产生的严重干扰不多见,干扰通常由伯胺产生。氯胺、过高的酸度、碱度以及含有使次氯酸根离子还原的物质时也会产生干扰。

如果水样的颜色过深、含盐量过多,酒石酸钾盐对水样中的金属离子掩蔽能力不够,或水样中存在高浓度的钙、镁和氯化物时,需要预蒸馏。

4　试剂和材料

除非另有说明,分析时所用试剂均使用符合国家标准的分析纯化学试剂,实验用水为按 4.1 制备的水。

4.1　无氨水,在无氨环境中用下述方法之一制备。

4.1.1　离子交换法

蒸馏水通过强酸性阳离子交换树脂(氢型)柱,将流出液收集在带有磨口玻璃塞的玻璃瓶内。每升流出液加 10 g 同样的树脂,以利于保存。

4.1.2　蒸馏法

在 1000 ml 的蒸馏水中,加 0.10 ml 硫酸(4.3),在全玻璃蒸馏器中重蒸馏,弃去前 50 ml 馏出液,然后将约 800 ml 馏出液收集在带有磨口玻璃塞的玻璃瓶内。每升馏出液加 10 g 强酸性阳离子交换树脂(氢型)。

4.1.3　纯水器法

用市售纯水器临用前制备。

4.2　乙醇,$\rho = 0.79$ g/ml。

4.3　硫酸,$\rho(H_2SO_4) = 1.84$ g/ml。

4.4　轻质氧化镁(MgO)

不含碳酸盐,在 500 ℃ 下加热氧化镁,以除去碳酸盐。

4.5　硫酸吸收液,$c(H_2SO_4) = 0.01$ mol/L。

量取 7.0 ml 硫酸(4.3)加入水中,稀释至 250 ml。临用前取 10 ml,稀释至 500 ml。

4.6　氢氧化钠溶液,$c(NaOH) = 2$ mol/L。

称取 8 g 氢氧化钠溶于水中,稀释至 100 ml。

4.7　显色剂(水杨酸-酒石酸钾钠溶液)

称取 50 g 水杨酸[$C_6H_4(OH)COOH$],加入约 100 ml 水,再加入 160 ml 氢氧化钠溶液(4.6),搅拌使之完全溶解;再称取 50 g 酒石酸钾钠($KNaC_4H_6O_6 \cdot 4H_2O$),溶于水中,与上述溶液合并移入 1000 ml 容量瓶中,加水稀释至标线。贮存于加橡胶塞的棕色玻璃瓶中,此溶液可稳定 1 个月。

4.8　次氯酸钠

可购买商品试剂,亦可自己制备。

存放于塑料瓶中的次氯酸钠,使用前应标定其有效氯浓度和游离碱浓度(以NaOH 计)。

4.9　次氯酸钠使用液,ρ(有效氯)＝3.5 g/L,c(游离碱)＝0.75 mol/L。

取经标定的次氯酸钠(4.8),用水和氢氧化钠溶液(4.6)稀释成含有效氯浓度3.5 g/L,游离碱浓度 0.75 mol/L(以 NaOH 计)的次氯酸钠使用液,存放于棕色滴瓶内,本试剂可稳定 1 个月。

4.10　亚硝基铁氰化钠溶液,ρ＝10 g/L。

称取 0.1 g 亚硝基铁氰化钠{$Na_2[Fe(CN)_5NO] \cdot 2H_2O$}置于 10 ml 具塞比色管中,加水至标线。本试剂可稳定 1 个月。

4.11　清洗溶液

将 100 g 氢氧化钾溶于 100 ml 水中,溶液冷却后加 900 ml 乙醇(4.2),贮存于聚乙烯瓶内。

4.12　溴百里酚蓝指示剂(bromthymol blue),ρ＝0.5 g/L。

称取 0.05 g 溴百里酚蓝溶于 50 ml 水中,加入 10 ml 乙醇(4.2),用水稀释至100 ml。

4.13　氨氮标准贮备液,ρ_N＝1000 μg/ml。

称取 3.8190 g 氯化铵(NH_4Cl,优级纯,在 100～105 ℃干燥 2 h),溶于水中,移入 1000 ml 容量瓶中,稀释至标线。此溶液可稳定 1 个月。

4.14　氨氮标准中间液,ρ_N＝100 μg/ml。

吸取 10.00 ml 氨氮标准贮备液(4.13)于 100 ml 容量瓶中,稀释至标线。此溶液可稳定 1 周。

4.15　氨氮标准使用液,ρ_N＝1 μg/ml。

吸取 10.00 ml 氨氮标准中间液(4.14)于 1000 ml 容量瓶中,稀释至标线。临用现配。

5　仪器和设备

5.1　可见分光光度计:10～30 mm 比色皿。

5.2　滴瓶:其滴管滴出液体积,1 ml 相当于 20 滴。

5.3　氨氮蒸馏装置:由 500 ml 凯式烧瓶、氮球、直形冷凝管和导管组成,冷凝管末端可连接一段适当长度的滴管,使出口尖端浸入吸收液液面下。亦可使用蒸馏烧瓶。

5.4　实验室常用玻璃器皿:所有玻璃器皿均应用清洗溶液(4.11)仔细清洗,然后用水冲洗干净。

6　样品

6.1　样品采集与保存

水样采集在聚乙烯瓶或玻璃瓶内,要尽快分析。如需保存,应加硫酸使水样酸化至 pH<2,2~5 ℃下可保存 7 天。

6.2　水样的预蒸馏

将 50 ml 硫酸吸收液(4.5)移入接收瓶内,确保冷凝管出口在硫酸溶液液面之下。分取 250 ml 水样(如氨氮含量高,可适当少取,加水至 250 ml)移入烧瓶中,加几滴溴百里酚蓝指示剂(4.12),必要时,用氢氧化钠溶液(4.6)或硫酸溶液(4.5)调整 pH 至 6.0(指示剂呈黄色)~7.4(指示剂呈蓝色),加入 0.25 g 轻质氧化镁(4.4)及数粒玻璃珠,立即连接氮球和冷凝管。加热蒸馏,使馏出液速率约为 10 ml/min,待馏出液达 200 ml 时,停止蒸馏,加水定容至 250 ml。

7　分析步骤

7.1　校准曲线

用 10 mm 比色皿测定时,按表 1 制备标准系列。

表 1　标准系列(10 mm 比色皿)

管号	0	1	2	3	4	5
标准溶液(4.15)/ml	0.00	1.00	2.00	4.00	6.00	8.00
氨氮含量/μg	0.00	1.00	2.00	4.00	6.00	8.00

用 30 mm 比色皿测定时,按表 2 制备标准系列。

表 2　标准系列(30 mm 比色皿)

管号	0	1	2	3	4	5
标准溶液(4.15)/ml	0.00	0.40	0.80	1.20	1.60	2.00
氨氮含量/μg	0.00	0.40	0.80	1.20	1.60	2.00

根据表 1 或表 2,取 6 支 10 ml 比色管,分别加入上述氨氮标准使用液(4.15),用水稀释至 8.00 ml,按 7.2 步骤测量吸光度。以扣除空白的吸光度为纵坐标,以其对应的氨氮含量(μg)为横坐标绘制校准曲线。

7.2　样品测定

取水样或经过预蒸馏的试料 8.00 ml(当水样中氨氮质量浓度高于 1.0 mg/L 时,可适当稀释后取样)于 10 ml 比色管中。加入 1.00 ml 显色剂(4.7)和 2 滴亚硝基铁氰化钠(4.10),混匀。再滴入 2 滴次氯酸钠使用液(4.9)并混匀,加水稀释至标线,充分混匀。

显色 60 min 后,在 697 nm 波长处,用 10 mm 或 30 mm 比色皿,以水为参比测量吸光度。

7.3 空白试验

以水代替水样,按与样品分析相同的步骤进行预处理和测定。

8 结果表示

水样中氨氮的质量浓度按式(1)计算:

$$\rho_N = \frac{A_s - A_b - a}{b \times V} \times D \tag{1}$$

式中:ρ_N——水样中氨氮的质量浓度,以氮计,mg/L;

　　　A_s——样品的吸光度;

　　　A_b——空白试验(7.3)的吸光度;

　　　a——校准曲线的截距;

　　　b——校准曲线的斜率;

　　　V——所取水样的体积,ml;

　　　D——水样的稀释倍数。

9 准确度和精密度

表3 标准样品和实际样品的准确度和精密度

样品	氨氮质量浓度 ρ_N/(mg/L)	重复次数	标准偏差 /(mg/L)	相对标准偏差 /%	相对误差 /%
标准样品1	0.477	10	0.014	2.94	2.4
标准样品2	0.839	10	0.013	1.55	1.6
地表水	0.277	10	0.010	3.61	—
污水	4.69	10	0.053	1.13	—

注:来自一个实验室的数据。

10 质量保证和质量控制

10.1 试剂空白的吸光度应不超过 0.030(光程 10 mm 比色皿)。

10.2 水样的预蒸馏

蒸馏过程中,某些有机物很可能与氨同时馏出,对测定有干扰,其中有些物质(如甲醛)可以在酸性条件(pH<1)下煮沸除去。在蒸馏刚开始时,氨气蒸出速度较快,加热不能过快,否则造成水样暴沸,馏出液温度升高,氨吸收不完全。馏出液速率应保持在 10 ml/min 左右。

部分工业废水,可加入石蜡碎片等做防沫剂。

10.3 蒸馏器的清洗

向蒸馏烧瓶中加入 350 ml 水,加数粒玻璃珠,装好仪器,蒸馏到至少收集了 100 ml 水,将馏出液及瓶内残留液弃去。

10.4　显色剂的配制

若水杨酸未能全部溶解,可再加入数毫升氢氧化钠溶液(4.6),直至完全溶解为止,并用 1 mol/L 的硫酸调节溶液的 pH 在 6.0～6.5。

水质　硝酸盐氮的测定　紫外分光光度法
(HJ/T 346—2007)

1　适用范围

本标准适用于地表水、地下水中硝酸盐氮的测定。方法最低检出质量浓度为 0.08 mg/L,测定下限为 0.32 mg/L,测定上限为 4 mg/L。

2　原理

利用硝酸根离子在 220 nm 波长处的吸收而定量测定硝酸盐氮。溶解的有机物在 220 nm 处也会有吸收,而硝酸根离子在 275 nm 处没有吸收。因此,在 275 nm 处作另一次测量,以校正硝酸盐氮值。

3　试剂

本标准所用试剂除另有注明外,均为符合国家标准的分析纯化学试剂;实验用水为新制备的去离子水。

3.1　氢氧化铝悬浮液:溶解 125 g 硫酸铝钾[$KAl(SO_4)_2 \cdot 12H_2O$]或硫酸铝铵[$NH_4Al(SO_4)_2 \cdot 12H_2O$]于 1000 ml 水中,加热至 60 ℃,在不断搅拌中,徐徐加入 55 ml 浓氨水,放置约 1 h 后,移入 1000 ml 量筒内,用水反复洗涤沉淀,最后至洗涤液中不含硝酸盐氮为止。澄清后,把上清液尽量全部倾出,只留稠的悬浮液,最后加入 100 ml 水,使用前应振荡均匀。

3.2　硫酸锌溶液:10%硫酸锌水溶液。

3.3　氢氧化钠溶液:$c(NaOH)=5$ mol/L。

3.4　大孔径中性树脂:CAD-40 或 XAD-2 型及类似性能的树脂。

3.5　甲醇:分析纯。

3.6　盐酸:$c(HCl)=1$ mol/L。

3.7　硝酸盐氮标准贮备液:称取 0.722 g 经 105～110 ℃干燥 2 h 的优级纯硝酸钾(KNO_3)溶于水,移入 1000 ml 容量瓶中,稀释至标线,加 2 ml 三氯甲烷作保存剂,混匀,至少可稳定 6 个月。该标准贮备液每毫升含 0.100 mg 硝酸盐氮。

3.8　氨基磺酸溶液(0.8%):避光保存于冰箱中。

4　仪器

4.1　紫外分光光度计。

4.2　离子交换柱(φ1.4 cm,装树脂高 5～8 cm)。

5　干扰的消除

溶解的有机物、表面活性剂、亚硝酸盐氮、六价铬、溴化物、碳酸氢盐和碳酸盐等干扰测定,需进行适当的预处理。本法采用絮凝共沉淀和大孔中性吸附树脂进行处理,以排除水样中大部分常见有机物、浊度和 Fe^{3+}、Cr^{6+} 对测定的干扰。

6　步骤

6.1　吸附柱的制备:新的大孔径中性树脂(3.4)先用 200 ml 水分两次洗涤,用甲醇(3.5)浸泡过夜,弃去甲醇(3.5),再用 40 ml 甲醇(3.5)分两次洗涤,然后用新鲜去离子水洗到柱中流出液滴落于烧杯中无乳白色为止。树脂装入柱中时,树脂间绝不允许存在气泡。

6.2　量取 200 ml 水样置于锥形瓶或烧杯中,加入 2 ml 硫酸锌溶液(3.2),在搅拌下滴加氢氧化钠溶液(3.3),调至 pH 为 7。或将 200 ml 水样调至 pH 为 7 后,加 4 ml 氢氧化铝悬浮液(3.1)。待絮凝胶团下沉后,或经离心分离,吸取 100 ml 上清液分两次洗涤吸附树脂柱,以每秒 1 至 2 滴的流速流出,各个样品间流速保持一致,弃去。再继续使水样上清液通过柱子,收集 50 ml 于比色管中,备测定用。树脂用 150 ml 水分三次洗涤,备用。树脂吸附容量较大,可处理 50～100 个地表水水样,应视有机物含量而异。使用多次后,可用未接触过橡胶制品的新鲜去离子水作参比,在 220 nm 和 275 nm 波长处检验,测得吸光度应接近零。超过仪器允许误差时,需以甲醇(3.5)再生。

6.3　加 10 ml 盐酸溶液(3.6),0.1 ml 氨基磺酸溶液(3.8)于比色管中,当亚硝酸盐氮低于 0.1 mg/L 时,可不加氨基磺酸溶液(3.8)。

6.4　用光程长 10 nm 石英比色皿,在 220 nm 和 275 nm 波长处,以经过树脂吸附的新鲜去离子水 50 ml 加 1 ml 盐酸溶液(3.6)为参比,测量吸光度。

6.5　校准曲线的绘制:于 5 个 200 ml 容量瓶中分别加入 0.50 ml、1.00 ml、2.00 ml、3.00 ml、4.00 ml 硝酸盐氮标准贮备液(3.7),用新鲜去离子水稀释至标线,其质量浓度分别为 0.25 mg/L、0.50 mg/L、1.00 mg/L、1.50 mg/L、2.00 mg/L 硝酸盐氮。按水样测定相同操作步骤测量吸光度。

7　结果的计算

硝酸盐氮的含量按下式计算:

$$A_{校} = A_{220} - 2A_{275}$$

式中:A_{220}——220 nm 波长测得吸光度;

$\quad\quad A_{275}$——275 nm 波长测得吸光度。

求得吸光度的校正值($A_{校}$)以后,从校准曲线中查得相应的硝酸盐氮量,即为水样测定结果(mg/L)。水样若经稀释后测定,则结果应乘以稀释倍数。

8　精密度和准确度

四个实验室分析含 1.80 mg/L 硝酸盐氮的统一标准样品,实验室内相对标准偏差为2.6%;实验室间总相对标准偏差为5.1%;相对误差为1.1%。

土壤　氨氮、亚硝酸盐氮、硝酸盐氮测定
氯化钾溶液提取-分光光度法
(HJ 634—2012)

1　适用范围

本标准规定了测定土壤中氨氮、亚硝酸盐氮、硝酸盐氮的氯化钾溶液提取-分光光度法。

本标准适用于土壤中氨氮、亚硝酸盐氮、硝酸盐氮的测定。

当样品量为40.0 g时,本方法测定土壤中氨氮、亚硝酸盐氮、硝酸盐氮的检出限分别为0.10 mg/kg、0.15 mg/kg,测定下限分别为0.40 mg/kg、0.60 mg/kg、1.00 mg/kg。

2　规范性引用文件

本标准内容引用了下列文件中的条款。凡是不注日期的引用文件,其有效版本适用于本标准。

HJ 168　　　　　　　环境监测 分析方法标准制修订技术导则

HJ 613　　　　　　　土壤 干物质和水分的测定 重量法

HJ/T 166　　　　　　土壤环境监测技术规范

ISO/TS14256-1　　　土壤质量 硝酸盐氮、亚硝酸盐氮、氨氮的测定 氯化钾溶液提取法(soil quality-determination of nitrate, nitrite and ammonium in field-moist soils by extraction with potassium chloride solution)

3　方法原理

3.1　氨氮

氯化钾溶液提取土壤中的氨氮,在碱性条件下,提取液中的氨离子在有次氯酸根离子存在时与苯酚反应生成蓝色靛酚染料,在630 nm波长具有最大吸收。在一定浓度范围内,氨氮浓度与吸光度值符合朗伯-比尔定律。

3.2　亚硝酸盐氮

氯化钾溶液提取土壤中的亚硝酸盐氮,在酸性条件下,提取液中的亚硝酸盐氮与磺胺反应生成重氮盐,再与盐酸 N-(1-萘基)-乙二胺偶联生成红色染料,在波长543 nm处具有最大吸收。在一定浓度范围内,亚硝酸盐氮浓度与吸光度值符合朗伯-比尔定律。

3.3　硝酸盐氮

氯化钾溶液提取土壤中的硝酸盐氮和亚硝酸盐氮,提取液通过还原柱,将硝酸盐氮还原为亚硝酸盐氮,在酸性条件下,亚硝酸盐氮与磺胺反应生成重氮盐,再与

盐酸 N-(1-萘基)-乙二胺偶联生成红色染料,在波长 543 nm 处具有最大吸收,测定硝酸盐氮和亚硝酸盐氮总量。硝酸盐氮和亚硝酸盐氮总量与亚硝酸盐氮含量之差即为硝酸盐氮含量。

4 试剂和材料

除非另有注明,分析时均使用负荷国家标准的分析纯试剂,实验用水为电导率小于 0.2 mS/m(25℃时测定)的去离子水。

4.1 氨氮

4.1.1 浓硫酸:$\rho(H_2SO_4)=1.84$ g/ml。

4.1.2 二水柠檬酸钠($C_6H_5Na_3O_7 \cdot 2H_2O$)。

4.1.3 氢氧化钠(NaOH)。

4.1.4 二氯异氰尿酸钠($C_3Cl_2N_3NaO_3 \cdot H_2O$)。

4.1.5 氯化钾(KCl):优级纯。

4.1.6 氯化铵(NH_4Cl):优级纯

于 105℃下烘干 2 h。

4.1.7 氯化钾溶液:$c(KCl)=1$ mol/L

称取 74.55 g 氯化钾(4.1.5),用适量水溶解,移入 1000 ml 容量瓶中,用水定容,混匀。

4.1.8 氯化铵标准贮备液:$\rho(NH_4Cl)=200$ mg/L

称取 0.764 g 氯化铵(4.1.6),用适量水溶解,加入 0.30 ml 浓硫酸(4.1.1),冷却后,移入 1000 ml 容量瓶中,用水定容,混匀。该溶液在避光、4℃下可保存一个月。或直接购买市售有证标准溶液。

4.1.9 氯化铵标准使用液:$\rho(NH_4Cl)=10.0$ mg/L

量取 5.0 ml 氯化铵标准贮备液(4.1.8)于 100 ml 容量瓶中,用水定容,混匀。用时现配。

4.1.10 苯酚溶液

称取 70 g 苯酚(C_6H_5OH)溶于 1000 ml 水中。该溶液贮存于棕色玻璃瓶中,在室温条件下可保存一年。

注:配制苯酚溶液时应避免接触皮肤和衣物。

4.1.11 二水硝普酸钠溶液

称取 0.8 g 二水硝普酸钠$\{Na_2[Fe(CN)_5NO] \cdot 2H_2O\}$溶于 1000 ml 水中。该溶液贮存于棕色玻璃瓶中,在室温条件下可保存三个月。

4.1.12 缓冲溶液

称取 280 g 二水柠檬酸钠(4.1.2)及 22.0 g 氢氧化钠(4.1.3),溶于 500 ml 水中,移入 1000 ml 容量瓶中,用水定容,混匀。

4.1.13　硝普酸钠-苯酚显色剂

量取 15 ml 二水硝普酸钠溶液(4.1.11)及 15 ml 苯酚溶液(4.1.10)和 750 ml 水,混匀。该溶液用时现配。

4.1.14　二氯异氰尿酸钠显色剂

称取 5.0 g 二氯异氰尿酸钠(4.1.4)溶于 1000 ml 缓冲溶液(4.1.12)中,4 ℃ 下可保存一个月。

4.2　亚硝酸盐氮

4.2.1　浓磷酸:$\rho(H_3PO_4)=1.71$ g/ml。

4.2.2　氯化钾(KCl):优级纯。

4.2.3　亚硝酸钠($NaNO_2$):优级纯

干燥容器中干燥 24 h。

4.2.4　氯化钾溶液:$c(KCl)=1$ mol/L

同 4.1.7。

4.2.5　亚硝酸盐氮标准贮备液:$\rho(NO_2\text{-}N)=1000$ mg/L

称取 4.926 g 亚硝酸钠(4.2.3),用适量水溶解,移入 1000 ml 容量瓶中,用水定容,混匀。该溶液贮存于聚乙烯塑料瓶中,4 ℃ 下可保存六个月。或直接购买市售有证标准溶液。

4.2.6　亚硝酸盐氮标准使用液Ⅰ:$\rho(NO_2\text{-}N)=100$ mg/L

量取 10.0 ml 亚硝酸盐氮标准贮备液(4.2.5)于 100 ml 容量瓶中,用水定容,混匀。用时现配。

4.2.7　亚硝酸盐氮标准使用液Ⅱ:$\rho(NO_2\text{-}N)=10.0$ mg/L

量取 10.0 ml 亚硝酸盐氮标准使用液Ⅰ(4.2.6)于 100 ml 容量瓶中,用水定容,混匀。用时现配。

4.2.8　磺胺溶液($C_6H_8N_2O_2S$)

向 1000 ml 容量瓶中加入 600 ml 水,再加入 200 ml 浓磷酸(4.2.1),然后加入 80 g 磺胺。用水定容,混匀。该溶液于 4 ℃ 下可保存一年。

4.2.9　盐酸 N-(1-萘基)-乙二胺溶液

称取 0.40 g 盐酸 N-(1-萘基)-乙二胺($C_{12}H_{14}N_2 \cdot 2HCl$)溶于 100 ml 水中。4 ℃ 下保存,当溶液颜色变深时应停止使用。

4.2.10　显色剂

分别量取 20 ml 磺胺溶液(4.2.8)、20 ml 盐酸 N-(1-萘基)-乙二胺溶液(4.2.9)、20 ml 浓磷酸(4.2.1)于 100 ml 棕色试剂瓶中,混合。4 ℃ 下保存,当溶液变黑时应停止使用。

4.3　硝酸盐氮

4.3.1　浓磷酸:$\rho(H_3PO_4)=1.71$ g/ml。

4.3.2　浓盐酸:$\rho(HCl)=1.12$ g/ml。

4.3.3　镉粉:粒径 0.3~0.8 mm。

4.3.4　氯化钾(KCl):优级纯。

4.3.5　硝酸钠($NaNO_3$):优级纯

干燥器中干燥 24 h。

4.3.6　亚硝酸钠($NaNO_2$):优级纯

同 4.2.3。

4.3.7　氯化铵(NH_4Cl)。

4.3.8　硫酸铜($CuSO_4 \cdot 5H_2O$)。

4.3.9　氨水(NH_4OH):优级纯。

4.3.10　氯化钾溶液:$c(KCl)=1$ mol/L

同 4.1.7。

4.3.11　硝酸盐氮标准贮备液:$\rho(NO_3\text{-}N)=1000$ mg/L

称取 6.068 g 硝酸钠(4.3.5),用适量水溶解,移入 1000 ml 容量瓶中,用水定容,混匀。该溶液贮存于聚乙烯塑料瓶中,4℃下可保存六个月。或直接购买市售有证标准溶液。

4.3.12　硝酸盐氮标准使用液Ⅰ:$\rho(NO_3\text{-}N)=100$ mg/L

量取 10.0 ml 硝酸盐氮标准贮备液(4.3.11)于 100 ml 容量瓶中,用水定容,混匀。用时现配。

4.3.13　硝酸盐氮标准使用液Ⅱ:$\rho(NO_3\text{-}N)=10.0$ mg/L

量取 10.0 ml 硝酸盐氮标准使用液Ⅰ(4.3.12)于 100 ml 容量瓶中,用水定容,混匀。用时现配。

4.3.14　硝酸盐氮标准使用液Ⅲ:$\rho(NO_3\text{-}N)=6.0$ mg/L

量取 6.0 ml 硝酸盐氮标准使用液Ⅰ(4.3.12)于 100 ml 容量瓶中,用水定容,混匀。用时现配。

4.3.15　亚硝酸盐氮标准贮备液:$\rho(NO_2\text{-}N)=1000$ mg/L

同 4.2.5。

4.3.16　亚硝酸盐氮标准中间液:$\rho(NO_2\text{-}N)=100$ mg/L

同 4.2.6。

4.3.17　亚硝酸盐氮标准使用液Ⅲ:$\rho(NO_2\text{-}N)=6.0$ mg/L

量取 6.0 ml 亚硝酸盐氮标准中间液(4.3.16)于 100 ml 容量瓶中,用水定容,混匀。用时现配。

4.3.18　氨水溶液:(1+3)。

4.3.19　氯化铵缓冲溶液贮备液:$\rho(NH_4Cl)=100$ g/L

将 100 g 氯化铵(4.3.7)溶于 1000 ml 容量瓶中,加入约 800 ml 水,用氨水溶液(4.3.18)调节 pH 为 8.7～8.8,用水定容,混匀。

4.3.20　氯化铵缓冲溶液使用液:$\rho(NH_4Cl)=10$ g/L

量取 100 ml 氯化铵缓冲溶液贮备液(4.3.19)于 1000 ml 容量瓶中,用水定容,混匀。

4.3.21　磺胺溶液

同 4.2.8。

4.3.22　盐酸 N-(1-萘基)-乙二胺溶液

同 4.2.9。

4.3.23　显色剂

同 4.2.10。

5　仪器和设备

5.1　分光光度计:具 10 mm 比色皿。

5.2　pH 计:配有玻璃电极和参比电极。

5.3　恒温水浴振荡器:振荡频率可达 40 次/分钟。

5.4　还原柱:用于将硝酸盐氮还原为亚硝酸盐氮。

5.5　离心机:转速可达 3000 r/min,具 100 ml 聚乙烯离心管。

5.6　天平:精度为 0.001 g。

5.7　聚乙烯瓶:500 ml,具螺旋盖。或采用既不吸收也不向溶液中释放所测组分的其他容器。

5.8　具塞比色管:20 ml、50 ml、100 ml。

5.9　样品筛:5 mm。

5.10　一般实验室常用仪器与设备。

6　样品

6.1　样品的采集

按照 HJ/T 166 的相关规定采集样品。

6.2　样品的保存

样品采集后应于 4℃下运输和保存,并在 3 日内分析完毕。否则,应于−20℃(深度冷冻)下保存,样品中硝酸盐氮和氨氮可以保存数周。

当测定深度冷冻的硝酸盐氮和氨氮含量时,应控制解冻的温度和时间。室温环境下解冻时,需在 4 h 内完成样品解冻、匀质化和提取;如果在 4℃下解冻,解冻时间不应超过 48 h。

注1:为了缩短样品的解冻时间,应在样品被冷冻前,将其敲碎成小颗粒状。

6.3　试样的制备

将采集后的土壤样品去除杂物,手工或仪器混匀,过样品筛。在进行手工混合时应戴橡胶手套。过筛后样品分成两份,一份用于测定干物质含量,测定方法参见

HJ 613;另一份用于测定待测组分含量。

6.4　试料的制备

称取 40.0 g 试样(6.3),放入 500 ml 聚乙烯瓶中,加入 200 ml 氯化钾溶液 (4.1.7),在(20±2)℃的恒温水浴振荡器中振荡提取 1 h。转移约 60 ml 提取液于 100 ml 聚乙烯离心管中,在 3000 r/min 的条件下离心分离 10 min。然后将约 50 ml 上清液转移至 100 ml 比色管中,制得试料,待测。

注 2:提取液也可以在 4℃下,以静置 4 h 的方式代替离心分离,制得试料。

6.5　空白试料的制备

加入 200 ml 氯化钾溶液于 500 ml 聚乙烯瓶中,按照与试料的制备(6.4)相同 步骤制备空白试料。

注 3:试料需要在一天之内分析完毕,否则应在 4℃保存,保存时间不超过一周。

7　分析步骤

7.1　氨氮

7.1.1　校准

分别量取 0、0.10 ml、0.20 ml、0.50 ml、1.00 ml、2.00 ml、3.50 ml 氯化铵标准使用液(4.1.9)于一组 100 ml 具塞比色管中,加水至 10.0 ml,制备标准系列。氨氮含量分别为 0、1.0 μg、2.0 μg、5.0 μg、10.0 μg、20.0 μg、35.0 μg。

向标准系列中加入 40 ml 硝普酸钠-苯酚显色剂(4.1.13),充分混合,静置 15 min。然后分别加入 1.00 ml 二氯异氰尿酸钠显色剂(4.1.14),充分混合,在 15℃～35℃条件下至少静置 5 h。于 630 nm 波长处,以水为参比,测量吸光度。以扣除零浓度的校正吸光度为纵坐标,氨氮含量(μg)为横坐标,绘制校准曲线。

7.1.2　测定

量取 10.0 ml 试料(6.4)至 100 ml 具塞比色管中,按照校准曲线(7.1.1)比色 步骤测量吸光度。

注 4:当试料中氨氮浓度超过校准曲线的最高点时,应用氯化钾溶液(4.1.7)稀释试料,重新测定。

7.1.3　空白试验

量取 10.00 ml 空白试料(6.5)至 100 ml 具塞比色管中,按照校准曲线 (7.1.1)比色步骤测量吸光度。

7.2　亚硝酸盐氮

7.2.1　校准

分别量取 0、1.00 ml、5.00 ml 亚硝酸盐氮标准使用液Ⅱ(4.2.7)和 1.00 ml、3.00 ml、6.00 ml 亚硝酸盐氮标准使用液Ⅰ(4.2.6)于一组 100 ml 容量瓶中,加水稀释至标线,混匀,制备标准系列,亚硝酸盐氮含量分别为 0、10.0 μg、50.0 μg、100 μg、300 μg、600 μg。

分别量取 1.00 ml 上述标准系列于一组 25 ml 具塞比色管中,加入 20 ml 水,摇匀。向每个比色管中加入 0.20 ml 显色剂(4.2.10),充分混合,静置 60 min 至 90 min,在室温下显色。于 543 nm 波长处,以水为参比,测量吸光度。以扣除零浓度的校正吸光度为纵坐标,亚硝酸盐氮含量(μg)为横坐标,绘制校准曲线。

7.2.2　测定

量取 1.00 ml 试料(6.4)至 25 ml 比色管中,按照校准曲线(7.2.1)比色步骤测量吸光度。

注5:当试料中的亚硝酸盐氮含量超过校准曲线的最高点时,应用氯化钾溶液(4.1.7)稀释试料,重新测定。

7.3　硝酸盐氮

7.3.1　还原柱使用前的准备

打开活塞,让氯化铵缓冲溶液全部流出还原柱。必要时,用水清洗掉表面所形成的盐。再分别用 20 ml 氯化铵缓冲溶液使用液(4.3.20)、20 ml 氯化铵缓冲溶液贮备液(4.3.19)和 20 ml 氯化铵缓冲溶液使用液(4.3.20)滤过还原柱,待用。

7.3.2　校准

分别量取 0、1.00 ml、5.00 ml 硝酸盐氮标准使用液 II(4.3.13)和 1.00 ml、3.00 ml、6.00 ml 硝酸盐氮标准使用液 I(4.3.12)于一组 100 ml 容量瓶中,用水稀释至标线,混匀,制备标准系列,硝酸盐氮含量分别为 0、10.0 μg、50.0 μg、100 μg、300 μg、600 μg。

关闭活塞,分别量取 1.00 ml 校准系列于还原柱中。向还原柱中加入 10 ml 氯化铵缓冲溶液使用液(4.3.20),然后打开活塞,以 1 ml/min 的流速通过还原柱,用 50 ml 具塞比色管收集洗脱液。当液面达到顶部棉花时再加入 20 ml 氯化铵缓冲溶液使用液(4.3.20),收集所有流出液,移开比色管。最后用 10 ml 氯化铵缓冲溶液使用液(4.3.20)清洗还原柱。

向上述比色管中加入 0.20 ml 显色剂(4.3.23),充分混合,在室温下静置 60 min 至 90 min。于 543 nm 波长处,以水为参比,测量吸光度。以扣除零浓度的校正吸光度为纵坐标,硝酸盐氮含量(μg)为横坐标,绘制校准曲线。

7.3.3　测定

量取 1.00 ml 试料(6.4)至还原柱中,按照校准曲线(7.3.2)步骤测量吸光度。

注6:当试料中硝酸盐氮和亚硝酸盐氮的总量超过校准曲线的最高点时,应用氯化钾溶液(4.1.7)稀释试料,重新测定。

7.3.4　空白试验

量取 1.00 ml 空白试料(6.5)至还原柱中,按照校准曲线(7.3.2)步骤测量吸光度。

8 结果计算与表示

8.1 结果计算

8.1.1 氨氮

样品中的氨氮含量 ω（mg/kg），按照公式（1）进行计算。

$$\omega = \frac{m_1 - m_0}{V} \cdot f \cdot R \tag{1}$$

ω——样品中氨氮的含量，mg/kg；

m_1——从校准曲线上查得的试料中氨氮的含量，μg；

m_0——从校准曲线上查得的空白试料中氨氮的含量，μg；

V——测定时的试料体积，10.0 ml；

f——试料的稀释倍数；

R——试样体积（包括提取液体积与土壤中水分的体积）与干土的比例系数，ml/g；按照公式（2）进行计算。

$$R = \frac{[V_{ES} + m_s \cdot (1 - w_{dm})/d_{H_2O}]}{m_s \cdot w_{dm}} \tag{2}$$

V_{ES}——提取液的体积，200 ml；

m_s——试样量，40.0g；

d_{H_2O}——水的密度，1.0 g/ml；

w_{dm}——土壤中的干物质含量，%。

8.1.2 亚硝酸盐氮

样品中亚硝酸盐氮含量 ω（mg/kg），按照公式（3）进行计算。

$$\omega = \frac{m_1 - m_0}{V} \cdot f \cdot R \tag{3}$$

ω——样品中亚硝酸盐氮的含量，mg/kg；

m_1——从校准曲线上查得的试料中亚硝酸盐氮的含量，μg；

m_0——从校准曲线上查得的空白试料中亚硝酸盐氮的含量，μg；

V——测定时的试料体积，1.00 ml；

f——试料的稀释倍数；

R——试样体积（包括提取液体积与土壤中水分的体积）与干土的比例系数，ml/g；按照公式（2）进行计算。

8.1.3 硝酸盐氮与亚硝酸盐氮总量

样品中硝酸盐氮与亚硝酸盐氮总量的含量 ω（mg/kg），按照公式（4）进行计算。

$$\omega = \frac{m_1 - m_0}{V} \cdot f \cdot R \tag{4}$$

ω——样品中硝酸盐氮与亚硝酸盐氮总量的含量，mg/kg；

m_1——从校准曲线上查得的试料中硝酸盐氮与亚硝酸盐氮总量的含量,μg;

m_0——从校准曲线上查得的空白试料中硝酸盐氮与亚硝酸盐氮总量的含量,μg;

V——测定时的试料体积,1.00 ml;

f——试料的稀释倍数;

R——试样体积(包括提取液体积与土壤中水分的体积)与干土的比例系数,ml/g;按照公式(2)进行计算。

8.1.4　硝酸盐氮

样品中硝酸盐氮含量 $\omega_{硝酸盐氮}$(mg/kg),按照公式(5)进行计算;

$$\omega_{硝酸盐氮} = \omega_{硝酸盐氮与亚硝酸盐氮总量} - \omega_{亚硝酸盐氮} \tag{5}$$

8.2　结果表示

当测定结果小于 1 mg/kg 时,保留两位小数;当测定结果大于等于 1 mg/kg 时,保留三位有效数字。

9　精密度和准确度

9.1　氨氮

实验室内对氨氮含量分别为 0.73 mg/kg、1.59 mg/kg、5.69 mg/kg 的土壤样品进行了测定,相对标准偏差分别为 8.41%、4.77%、4.63%。

实验室内对氨氮含量为 1.62 mg/kg 的土壤样品进行了加标分析测定,加标量分别为 40 μg 和 100 μg;对氨氮含量为 5.76 mg/kg 的土壤样品进行了加标分析测定,加标量为 200 μg,实际样品加标回收率为 80.9%～105%。

9.2　亚硝酸盐氮

实验室内对亚硝酸盐氮含量分别为 2.46 mg/kg、4.09 mg/kg、8.64 mg/kg 的土壤样品进行了测定,相对标准偏差分别为 5.72%、1.66%、1.25%。

实验室内对亚硝酸盐氮含量为 2.46 mg/kg 的实际土壤样品进行了加标分析测定,加标量为 400 μg;对亚硝酸盐氮含量为 4.07 mg/kg 的实际土壤样品进行了加标分析测定,加标量分别为 100 μg 和 360 μg;对亚硝酸盐氮含量为 9.04 mg/kg 的实际土壤样品进行了加标分析测定,加标量分别为 200 μg 和 600 μg,实际样品加标回收率为 70.8%～91.7%。

9.3　硝酸盐氮

实验室内对硝酸盐氮含量分别为 1.84 mg/kg、16.2 mg/kg、21.9 mg/kg 的土壤样品进行了测定,相对标准偏差分别为 6.07%、3.26%、4.18%。

实验室内对硝酸盐氮含量为 1.85 mg/kg 的土壤样品进行了加标分析测定,加标量分别为 40 μg、80 μg;对硝酸盐氮含量为 16.9 mg/kg 的土壤样品进行了加标分析测定,加标量分别为 300 μg 和 500 μg;对硝酸盐氮含量为 21.5 mg/kg 的土壤样品进行了加标分析测定,加标量分别为 400 μg、600 μg,实际样品加标回收率为 81%～114%。

10　质量保证和质量控制

10.1　每批样品至少做一个空白试验,测试结果应低于方法检出限。

10.2　每批样品应测定 10% 的平行样品。平行双样测定结果＞10.0 mg/kg 时,相对偏差应在 10% 以内,平行双样测定结果≤10.0 mg/kg 时,相对偏差应在 20% 以内。

10.3　每批样品应测定 10% 的加标样品。氨氮加标回收率应在 80%～120% 之间。

10.4　校准曲线相关系数应≥0.999。

10.5　每批样品应分析一个校准曲线的中间点浓度标准溶液,其测定结果与校准曲线该点浓度的相对偏差应≤10%。否则,需重新绘制校准曲线。

10.6　硝酸盐氮还原效率

量取 1.00 ml 硝酸盐氮标准使用液Ⅲ(4.3.14)和亚硝酸盐氮标准使用液Ⅲ(4.3.17),分别按照 7.3.2 步骤进行转化并测定吸光度。测定结果的相对偏差应在 5% 以内,否则,应对还原柱中的镉粉进行重新处理。